U0151539

茶的品格

中国茶诗新解

杨多杰 著

上海交通大学出版社
SHANGHAI JIAO TONG UNIVERSITY PRESS

内容提要

我国既是"茶的国度",又是"诗的国家"。文人,爱作诗,也爱喝茶,于是诞生了大量茶诗,而它们也成为文人对于茶史,同时也是对于他们自己人生的动人注脚。在茶诗中,我们得以还原古代文人的真实品茶场景,再现他们的风流雅趣;在茶诗中,我们得以通过文人间品茗赠茶的佳话感受千年前的情谊与温度。茶,不仅是有着独特香气的"黄金叶子",它也承载着丰富的文化内涵。茶诗,勾勒出古代文人的轮廓、速写出他们的人生轨迹,同时也反映着中国文化历史中千千年来的理智与情感。茶及其所呈现的文化品格,是茶人文化品格的折射,也是中国文化品格的侧写。

图书在版编目(CIP)数据

茶的品格:中国茶诗新解 / 杨多杰著. —上海:
上海交通大学出版社,2020(2024重印)
ISBN 978-7-313-23169-7

Ⅰ.①茶… Ⅱ.①杨… Ⅲ.①茶文化-文化研究-中国-古代②古典诗歌-诗歌研究-中国 Ⅳ.
①TS971.21②I207.22

中国版本图书馆CIP数据核字(2020)第061944号

茶的品格——中国茶诗新解
CHA DE PINGE——ZHONGGUO CHASHI XIN JIE

著 者:杨多杰			
出版发行:上海交通大学出版社		地 址:上海市番禺路951号
邮政编码:200030		电 话:021-64071208
印 制:苏州市越洋印刷有限公司		经 销:全国新华书店
开 本:880mm×1230mm 1/32		印 张:11.75
字 数:175千字		
版 次:2020年7月第1版		印 次:2024年5月第4次印刷
书 号:ISBN 978-7-313-23169-7		
定 价:75.00元		

序 一

中国是茶树的起源地，也是诗的王国。因此，在历史上茶诗不断涌现，成为中国茶文化中的一颗璀璨明珠。数以千计的茶诗，不同程度地记载了中国历代茶叶从生产到品饮的情景，反映了诗人在物质上和精神上的享受。它们成为我们今天研究中国茶文化的一个文献基础，近年来不断有学者对其进行整理、研究，成果不断涌现。

年轻的茶文化研究者杨多杰先生，文史功底扎实且学有渊源，近年在茶文化研究与推广上屡有建树。在本书中，他从唐至清的历代茶诗中，按照文学性、史料性并重的原则进行选取，然后用生动活泼的语言解析。读者阅读此书，一定会在文学和古代茶史的修养上有一定的提高。

是为之序。

2019 年 12 月

---

1. 吴甲选，1928 年生，当代"茶圣"吴觉农之子。原中华人民共和国驻牙买加大使，原华侨茶叶发展研究基金会副理事长、名誉会长，原吴觉农茶学思想研究会常务副会长。

序　二

多杰师侄请我为他的《茶的品格——中国茶诗新解》作序，我很高兴。结合本书，我想对时下茶文化研究谈谈自己的看法。

茶文化学是门新兴的学科，目前高等农业院校的茶学专业已经有了专门的教材。虽然大家对它涵盖范围的大小有不同的认识，但它涉及文学、史学、茶学三门学科。这一点应该是一个共识。所以，研究茶文化学应该具备这三门学科的基本知识。遗憾的是，目前有的学者并不具备这样的条件，因而在众多的茶文化图书中出现了鱼龙混杂的现象。

以茶诗为例，目前出版这方面的图书已不少，但所收集的范围有很大差别。有的学者认为，只要诗文有"茶"字，便可算作茶诗。他们以"茶"字为检索手段，网上一搜，洋洋洒洒的茶诗集便编成功了。如此编撰速度，在当下快捷时代虽可表扬，但质量却让人不敢恭维。我认为，既然叫茶诗，总应该反映写作时代的茶叶生产、品饮以及享受的一些基本情况。换言之，即所选的茶诗不仅文学性很高，而且能够向读者提供一些诗人生活时代的茶文化信息。多杰选诗的标准就是文学性与茶学并重的。

确定了标准，进入实际工作，便是从哪里选的问题，从研究的角度说，就是设计资料的准确性。过去我们查找、核对资料就是笨办法——到图书馆、资料室从原书中寻找。现在随着科技的发展就方便多了，打开电脑，用电子图书、百度瞬间搞定，方便得很。但从中得到的资料可信度有多大，我不敢妄言。举一个极端而真实的例子：我的学生上网了解我的写作情况，竟然看到一篇研究相声的文章列在我的名下。了解我的人都知道，我对曲艺是一窍不通的。学术研究，资料是基础。严肃的文史工作者，如何查找资料、使用资料是其必须具备的常识。虽然不一定使用善本，但今人精校本或权威的本子总要使用的。过去导师指导我们研究时，是不允许使用《四库全书》《古今图书集成》等本子的，至于二手资料，更是禁止使用的，以免受鲁鱼亥豕之害。多杰所选茶诗，尽量使用权威的本子，并严格注明了出处。这既反映其学术研究规范，又为读者进一步研究提供了方便，尤为难得。

茶文化学是一门"嫁接"的学科，既包含社会科学知识，也包含自然科学知识。因此，要研究它就必须具备这两方面的知识。有些茶文化研究者，在翻阅古代资料时，不能进行科学分析，见到"白茶""乌茶"，便认为是现代六大茶类中的白茶与黑茶，反映其既缺乏历史知识，又缺乏茶学知识。多杰是研究茶文献出身的，他勤奋好学，不但阅读了大量茶学著作，还跑了不少茶产地，深入了解各地的茶叶生产情况。有了这些基础，该书的科学性应该是具备的。

在众多的年轻学者中，多杰是勤奋的，为弘扬中国优秀的传统文化努力工作着。我喜见他不断有新著问世，更乐见不断有年轻同志喜爱中国的茶文化。

谨此为序。

穆祥桐[1]

2019 年 12 月于望京茗室

---

1. 穆祥桐，1950 年生。中国农业出版社编审，原农业部专家组专家，华侨茶业发展研究基金会顾问，南京农业大学兼职教授。

凡　例

一、选取标准

本书收录的历代茶诗作品，选取标准依据两点：一要有一定的茶学内容，二要有一定的文学价值。

二、版本甄选

作品的选取。每首诗作优先从作者原集中甄选，遇到难以寻找原集的情况下，再从历代总集或选集中搜集。

三、茶诗顺序

诗作排列顺序，以作者诞生时间及诗作写作时间为依据。

四、注释说明

本书重在赏析。鉴于读者已有一定水平，本书不对原作进行单独注释。凡有影响读者阅读理解的，在诗后的赏析中详作说明。

目　录

目
录

余聞荊州玉泉寺近清溪諸山山洞往往有乳窟窟
中多玉泉交流中有白蝙蝠大如鴉按仙經蝙蝠
一名仙鼠千歲之後體白如雪棲則倒懸蓋飲乳
水而長生也其水邊處處有茗草羅生枝葉如碧玉

〔李十七〕

惟玉泉真公常采而飲之年八十餘歲顏色如桃花
而此茗清香滑熱異於他者所以能還童振枯扶
人壽也余遊金陵見宗僧中孚示余茶數十片拳然
重疊其狀如手號為仙人掌茶蓋新出乎玉泉之山
曠古未覿因持之見遺兼贈詩要余荅之遂有此作
後之高僧大隱知仙人掌茶發乎中孚禪子及青蓮
居士李白也

常聞玉泉山山洞多乳窟仙鼠如白鴉倒懸深谿壑
月茗生此中石玉泉流不歇根柯灑芳津採服潤肌
骨楚老卷綠葉枝枝相接連曝成仙人掌似拍洪崖
肩舉世未見之其名定誰傳宗英乃禪伯投贈有佳
篇清鏡燭無鹽顏慙西子妍朝坐有餘興長吟播諸
天

《答族姪僧中孚贈玉泉仙人掌茶（并序）》

唐·李白

《李太白文集》，清康熙五十六年

吳門繆曰芑双泉草堂刻本

答族侄僧中孚赠玉泉仙人掌茶（并序）

唐·李白

余闻荆州玉泉寺近清溪诸山，山洞往往有乳窟。窟中多玉泉交流，其中有白蝙蝠，大如鸦。按《仙经》，蝙蝠一名仙鼠，千岁之后，体白如雪，栖则倒悬。盖饮乳水而长生也。其水边处处有茗草罗生，枝叶如碧玉。惟玉泉真公常采而饮之，年八十余岁，颜色如桃花。而此茗清香滑熟，异于他者，所以能还童振枯，扶人寿也。余游金陵，见宗僧中孚，示余茶数十片，拳然重叠，其状如手，号为"仙人掌茶"。盖新出乎玉泉之山，旷古未觌。因持之见遗，兼赠诗，要余答之，遂有此作。后之高僧大隐，知仙人掌茶，发乎中孚禅子及青莲居士李白也。

常闻玉泉山，山洞多乳窟。

仙鼠如白鸦，倒悬清溪月。

茗生此中石，玉泉流不歇。

根柯洒芳津，采服润肌骨。

丛老卷绿叶，枝枝相接连。

曝成仙人掌，似拍洪涯肩。

举世未见之，其名定谁传。

宗英乃禅伯，投赠有佳篇。

清镜烛无盐，顾惭西子妍。

朝坐有余兴，长吟播诸天。[1]

这首茶诗的作者是李白，大唐朝赫赫有名的酒仙。

李白的确好饮酒，但其实也不见得就是诗人中酒量最好之人。

别人不提，就是跟杜甫比，李白也不一定能赢。

何以见得？

数据说话。

李白至今可查阅到的诗，大致有 1 500 首。据郭沫若考证，其中内容涉及酒的约占 16%。诚然，李白的酒诗真是不少。

---

1. 选自《李太白全集》，北京：中华书局，1977 年 9 月第 1 版。

但是，也分跟谁比。

与李白齐名的杜甫，传世的诗在1 400首左右，写到酒的约占20%。看着这么多与酒相关的诗，谁能说杜甫老先生不贪杯呢？只是"李白斗酒诗百篇"的美名在先，将杜甫这样一个爱酒之人生生埋没了。

李白的爱酒之名，不光埋没了杜甫，也掩去了自己这首《答族侄僧中孚赠玉泉仙人掌茶》。

以至于很多人都不知道，李白也写过茶诗。

准确地说，这便是李白写过的唯一的一首茶诗。由于过于珍贵，爱茶之人读时舍不得漏掉一个字。因此，一般读这首诗，都是与前面的"诗序"一并诵读。

当然，未读到序之前，诗的题目就剧透了相关内容。这是一首典型的"答赠"体茶诗。李白收到了"僧中孚"送来的好茶，喝过之后写诗感谢。

这种"答赠"体，至今保留在我们的朋友圈当中。举个例子，亲朋好友寄来了土特产，你吃过之后感觉不错，赶紧拍照发个朋友圈以表谢意。其中像"答族侄僧中孚"这样写出具体名字，就相当于我们发朋友圈时不忘@一下对方。

古今千年，情理相通。

读的是茶诗，品的是人情。

谁给李白送的茶呢？是他的本家族侄。此人本应姓李，但已出家为僧，法名叫作中孚。这便是所谓"族侄僧中孚"的由来。

我们与茶结缘，多是需要一位引路人。按现在的网络用语，就叫带我"入坑"的人。我曾在自己带的班级发起过讨论，请大家回忆一下：谁影响了你开始喝茶？答案有：父母、长辈、爱人、同事、室友……

总之，多是熟人。

后来，我又请学生列举：有谁，是在你的影响下开始喝茶的？答案有：父母、长辈、爱人、同事、室友……

你看，还是熟人。

由此可见，我们大多是被身边人影响开始喝茶的。

再通过自己的言行，影响着身边人体会饮茶的乐趣。

李白，与我们的经历一样。给他茶的人，是亲侄子。

给的什么茶？题中、序中、诗中都反复提及，为产于玉泉山的仙人掌茶。请注意，这首茶诗不光是李白唯一传世的茶诗。更重要的是，这也是中国文坛第一首歌咏名茶的茶诗。

中国名茶的称谓构成，多是产地加品种。例如，西湖龙井、黄山毛峰、太平猴魁、都匀毛尖、福鼎白茶……前面是地名，后面是茶名。这种茶叶命名法的确立，便可以上溯到这首茶诗中的"玉泉山仙人掌茶"。

如诗序中所说，仙人掌茶产于"荆州玉泉寺近清溪诸山"。此诗一开始，便先着力描写此茶树生长的环境。此处"山洞多乳窟"，里面还有"仙鼠如白鸦"。此等仙鼠，可以寿活千年，体白如雪。

这样的描述，镜头感极强，马上能把读者引入清净当中。由此也可见玉泉山不是一般的山，还带有几分神秘的色彩。这茶生长在这般"仙境"中，还没喝就引发人无限的遐想。

诗与诗序可以结合来读，从而互为印证。仙鼠为何可以寿活千年？原来都是"饮乳水而长生也"。而仙人掌茶，就是生长在这样能有延年益寿之功效的乳水之畔。

好山好水出好茶，本是大家都知道的话。但就是这俗语，偏偏让李白给写绝了。

李白，就是李白。写酒闻名于世，写茶也是高手。

这座玉泉山，位于当阳市城西二十里外。明代陈仁锡《潜确居类书》记载：

> 玉泉山，在当阳。泉色白而莹，又曰珠泉。泉南为天台智者道场，即关帝遣鬼工所造。

玉泉山不仅是三楚名山，更是一处佛教圣地。至今，这里还保留着中国现存最高、最重的铁塔——如来舍利塔。

相传东汉建安年间，僧人普净曾结庐于此，并在此点化三国时蜀汉名将关羽。《三国演义》第七十七回"玉泉山关公显圣，洛阳城曹操感神"，讲的就是这个故事。现特抄录原文如下：

> 却说关公一魂不散，荡荡悠悠，直至一处，乃荆门州当阳县一座山，名为玉泉山。山上有一老僧，法名普净，原是氾水关镇国寺中长老；后因云游天下，来到此处，见山明水秀，就此结草为庵，每日坐禅参道，身边只有一小行者，化饭度日……于是关公恍然大悟，稽首皈依而去。后往往于玉泉山显圣护民，乡人感其德，就于山顶上建庙，四时致祭。

后人在寺中还题有一联：

赤面秉赤心，骑赤兔追风，驰驱时无忘赤帝；

青灯观青史，仗青龙偃月，隐微处不愧青天。

李白自然没读过《三国演义》，笔者便将这段玉泉山轶事补录，聊以增添仙人掌茶之趣。

这款茶不光产地有故事，造型更具噱头。按诗中所写"拳然重叠，其状如手"，所以才"号为仙人掌茶"。外观如巴掌大小的茶，确实少见。连李白都表示"举世未见之，其名定谁传"。

卖相独特，先声夺人，也是此茶一大特色。但"独特"二字，也可以理解为"怪异"，甚至"不入流"。

北京人民广播电台有位主持人叫孙涛，第一次见我拿给他的寿眉时惊呼：这不是枯树叶子吗？真的能喝？

如今这款"其状如手"的茶，已经被李白用茶诗美化。我想唐代很多人刚看到这种茶时，反应也与孙涛老师差不了多少吧？

生活中，绝不能以貌取人。

选茶时，应避免以貌取茶。

那怎么去判断一款茶的好坏？

喝！

关于这款茶的味道，李白在诗序中用了"清香滑熟"四个字。妙哉！美矣！得是多么好喝的茶汤，才让李白这样文艺的人夸出这四个字呢？很难想象！又只能靠想象了！

可这怎么听着都不太像形容绿茶。倒是年份白茶，用这四个字最为贴切。于是乎，我现在一喝年份寿眉，就总想起李白这句诗。

茶诗，大可活学活用！

最后，诗中还涉及了茶与健康的话题。据说有一位"玉泉真公常采而饮之"，结果"年八十余岁，颜色如桃花"。这里的"颜色"，是颜面之色的简称，也就是生活中俗称的脸色。常喝仙人掌茶气色红润，能有"还童振枯"之功能。

李白告诉我们，喝茶别看广告，要看疗效。

卖相奇特，口味隽永，还能还童振枯，这便是一款好茶了。

茶诗末尾，有"清镜烛无盐，顾惭西子妍"一句，为全诗的金句。无茶字而言茶事，算是对茶叶"外观"与"内

茶的品格

中国茶诗新解

涵"二者关系的最好诠释。

所谓"无盐"者，姓钟离名春，是春秋时出了名的丑女。别看貌丑，可心灵美，因此为后世传颂。传统评书里有一部《丑娘娘》，讲的就是她的故事。因是齐国无盐邑人，所以诗中常以"无盐"称之。

这个"烛"字，当动词"洞察"解释。也就是说，能如明镜般洞察事物，发现无盐式的美好。这种掩盖在丑陋外表下的美好，会让西施都为之惭愧。

习茶之人，应常怀"明镜"之心，发现"无盐"式的佳茗。

说了半天，现如今我们还能喝到仙人掌茶吗？

可以。

1981年仙人掌茶加工工艺得以"恢复"。李太白笔下的名茶，再次问世定然轰动茶界。新版仙人掌茶，先后荣获首届"鄂茶杯"金奖，"中茶杯"全国名优茶评比特定奖。后又被评为"湖北名茶"。2009年，仙人掌茶蒸青制作技艺被列为湖北省非物质文化遗产。

地方为拉动经济，深挖一些历史名茶，这事可以理解。

但如今的仙人掌茶，在传承断裂千年后才得以恢复。那么此茶，是否就与当年李白喝过的一般无二呢？自然不得而知。

湖北茶界的朋友热情，曾几次寄来仙人掌茶。但我皆转赠他人，自己从未喝过。

我倒不是不屑喝，而是不忍喝。

还是让这款茶，就留在李白的这首诗中吧。

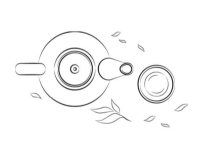

契茗粥作

《吃茗粥作》

唐·储光羲

当昼暑气盛，鸟雀静不飞。念君高梧阴，复解山中衣。
片远云度曾不蔽，炎晖淹留脍茶粥共我饭，蕨薇敝庐。
既不逐日暮徐徐归

《全唐诗》清康熙四十六年
扬州诗局刻本）

吃茗粥作

唐·储光羲

当昼暑气盛，鸟雀静不飞。
念君高梧阴，复解山中衣。
数片远云度，曾不蔽炎晖。
淹留膳茶粥，共我饭蕨薇。
敝庐既不远，日暮徐徐归。[1]

有一年在日本东京的表参道，误打误撞地走进了大名鼎鼎的"茶茶の间"。

这家小店的主理人和多田喜，被当地媒体称为日本茶的三贤人之一。我在他的店中喝了一款名为"流星"的日本煎茶。恕我直言，日本绿茶名字虽美，味道却也平平。

反倒是茶餐里的一碗茶粥，给我留下了深刻的印象。

1. 选自《储光羲诗集·次山集》，上海：上海古籍出版社，1992年11月第1版。

与日本的茶泡饭一样，茶粥里也看不见茶叶的影子，而只是用茶汤进去调味而已。口感清爽，健康营养，据店员介绍，其颇受日本白领一族欢迎，近期已成为流行的时尚餐饮。

其实中国自古以来，便有食用茶粥的习惯。进一步而言，茶粥也是中国众多饮茶习惯中的一种。要聊起茶粥的掌故，便不得不提唐代储光羲的茶诗《吃茗粥作》。

老规矩，还是从作者聊起。

储光羲，大约出生在公元706年，比诗仙李白小五岁，而比茶圣陆羽大二十七岁。

他祖籍兖州（今山东兖州），居家则在润州（今江苏镇江）。唐开元十四年（726）中进士，当过安宜等地县尉，后辞官归隐。到了唐天宝六至七载（747—748）时，又出任太祝、监察御史。

安史之乱时，他曾接受过叛军任命的伪职。后来虽然又逃归朝廷，却在安史之乱后遭到问责，最终便到岭南去了。

诚然，储光羲并非是一位成功的政治家，但却是一位杰出的诗人。

储光羲擅长写田园诗，宗法自然是陶渊明的诗风。又因他与唐代著名田园诗人王维年代相近，因此后人总是会拿储、王与陶三位诗人进行比较。

不得不说，储光羲是盛唐时期最爱写田园诗的文人，也最善于写质朴无华的古体诗。因此，后代不少人甚至觉得连王维都不如储光羲。

像清代施补华《岘佣说诗》中就说："储光羲《田家》诸作真朴处胜于摩诘。"的确，储光羲非常擅长写田园风格的五言古诗。包括这首茶诗《吃茗粥作》，也是秉承了他一贯的清丽文风。不明就里的人乍一读，还真以为是陶渊明的诗作呢。

但是，艺术的创作不能够以模仿为终极目标。

白茶火了之后，很多人也模仿福鼎、建阳、政和等地的工艺制作白茶。一时间，出现了"茶叶山河一片白"的奇观。但是模仿终归是模仿，充其量达到惟妙惟肖的程度。各地的"类白茶"做不出自己的特色，终难跻身于名茶之列。

写诗与做茶，其实是一个道理。

正如葛兆光教授指出的那样，盛唐诗歌的超绝之处之一，在于把六朝以来朴素流畅的语脉和精丽新巧的语词两种语言技巧糅合成一种全新的诗歌语言，并不在于诗歌语言回复到诗文浑然不分的古朴状态。

储光羲的失败之处，便在于诗风太像南北朝时的陶渊明了。

当然，这单是从文学角度的苛刻探讨。这首《吃茗粥作》，兼顾文学性与茶学价值，仍是不可多得的茶诗佳作。

说完了作者，再来看题目。

其实茗粥一事，也不是唐代人的发明。陆羽《茶经》中，便记载了西晋时期一件与茗粥有关的事件。其中写道：

傅咸《司隶教》曰：闻南市有蜀姬作茶粥卖，为廉事打破其器具，后又卖饼于市。而禁茶粥以困蜀姬，何哉？

由此可见，西晋时不仅已经有了茗粥的做法，而且已经有了贩卖茗粥的小贩。

那么茗粥到底是什么样子的呢？我们来看诗文。

开篇的头两句，写的是时间。

显然，这首诗写在盛夏时节。因为天气过热，连树林子里的鸟都飞不动了，人自己也是无精打采。

如今到了酷夏，人们便躲进空调房里避暑。由于写字楼里冷气给得太足，结果每年夏天身边都有着凉冻病的朋友和同事。这样的事情，让古人听起来简直就是奇闻了吧。

古人如何避暑呢？

接着的三、四两句，写的就是对策。

一没有空调，二没有冷饮。在"鸟雀静不飞"的暑热之时，诗人只能是脱去"山中衣"，躲在梧桐树的阴凉下休息了。

但是从诗中来看，效果好像不太理想。

五、六两句，写的是抱怨。

虽然已经宽衣解带，躲进了树荫之下，但是还是觉得热得不行。

远处的天空，倒是飘着几朵白云，但却也不曾遮蔽住烤人的"炎晖"。

七、八两句，道出了秘技。

实在热得不行，诗人决定食一餐茶粥。

值得注意的是，用茶粥消暑好像是唐代人的必杀绝技。

储光羲的好友王维，在茶诗《赠吴官》开篇便说：

长安客舍热如煮，无个茗糜难御暑。

茗与茶，是同义字。糜，则是煮得糜烂的粥。因此，王维笔下的"茗糜"就是储光羲诗中的"茶粥"了。

单饮茶粥可能有些单调，于是乎再配上一些"蕨薇"。所谓"蕨薇"，其实就是野菜。暑热时节，大鱼大肉也是难以下咽的。只有清粥小菜，最是开胃消暑。

最后两句诗，写的是闲情。

既然住所离着不远，你又何必着急呢？不如等到了红轮西坠，再回家不迟。

一句"徐徐归"，写出了现代人所最缺乏的一种慢生活。

五代时的名句"陌上花开，可缓缓归矣"，其实也是继承了盛唐诗人的闲情。

虽然诗读完了，但问题并没有完全解决。

唐代的茶粥，到底是什么样子的呢？

当代散文家汪曾祺先生在《寻常茶话》一文中写道：

日本有茶粥。《俳人的食物》说俳人小聚，食物极简单，但"唯茶粥一品，万不可少"。茶粥是啥样的呢？我曾用粗茶叶煎汁，加大米熬粥，自以为这便是"茶粥"了。有一阵子，我每天早起喝我所发明的茶粥，自以为很好喝。

汪先生笔下的这种茶粥，便与我在东京"茶茶の间"里喝到的相同。因为用的是茶汁，所以是只有茶香而不见茶叶。

但唐代的茶粥，却不会是这样。理由非常简单，当时流行的是煎茶法。将蒸青茶饼磨碎后，直接放入容器中煎煮。喝的时候是连茶汤带茶叶一起下肚，并没有茶水分离的概念。

所以据我推测，储光羲所饮的茶粥，里面一定是有茶叶的了。

除去茶叶，茶粥中的内容可能还很丰富。

《茶经·六之饮》中记载：

或用葱、姜、枣、橘皮、茱萸、薄荷之等，煮之百沸，或扬令滑，或煮去沫。斯沟渠间弃水耳，而习俗不已。

显然，陆羽对于这种大杂烩式的饮茶习惯持批评的态度。但他自己也讲，当时仍是"习俗不已"。储光羲比陆羽年长近三十岁，所以饮茶习惯自然也正是《茶经》中批判的那种"什锦派"了。

据此我大胆推测，储光羲解暑的茶粥里，是葱、姜、枣、橘皮、茱萸、薄荷什么都有才对。

确定了茶粥的内容，咱们再来聊聊茶粥的形态。

王维仅比储光羲大五岁，算是同时代的诗人。而王维在《赠吴官》一诗中，称茶粥为"茗糜"。糜，是煮得稀烂的粥。从这一条线索便可看出这碗茗粥的状态，应该是熬煮到近似米糊状才对。

总体来说，唐代的茗粥应是既有茶又有米，同时兼顾各种香料食材的米糜。既有茶叶煎煮的清苦，也有茱萸葱姜等的辛香，因此会刺激味蕾，令人兴奋起来。苦夏之日，茗粥便成了消暑的佳品美食。

我在湖南省安化县探访黑茶时，曾见识了当地的梅山擂茶，就颇具唐代茗粥的古风。

制作梅山擂茶，原料主要是新鲜茶叶若干、炒米、鲜花生仁、熟花生仁等物。除此之外，还要两样重要工具，即擂钵和擂茶棒。

所谓擂钵，即是当地烧制的一种粗制陶器。个头大小宛若蒸锅，但却是倒圆锥形，里面还有一排排的暗齿，起到加快研磨力度的作用。至于擂茶棒，则是半米长短的木棒。多用以结了油茶果的山茶木制作而成，坚固耐用且气味清香。

当地人打擂茶时要坐下，用双腿固定擂钵，再用右手攥紧擂茶棒，左手扶稳擂钵的口沿，一下一下地戳下去，发出有节奏的响声。

一般制作擂茶时，先擂的是米、生花生仁和生芝麻，随后再放入新鲜采摘的茶叶，最后则是炒熟的花生仁。这些食材不是简单地冲泡，而是要上火去熬煮，最终呈现的状态不是清汤寡水的茶汤，而是糊状黏稠的汤羹。

香喷喷的坚果炒米，再加上茶汁调和，造就了梅山擂茶滋味甜咸适中、口感粗中带柔的独特风味。冬天可以驱寒，夏日又能解暑。当地老百姓，至今仍保留着三餐两茶的生活习惯。

更有趣的是，当地老百姓习惯说"吃擂茶"而非"喝擂茶"。这岂不又与储光羲《吃茗粥作》的说法暗合了吗？

各位有机会到安化，除了喝一杯黑茶外，也别忘了吃一碗擂茶。

那活化石般的饮茶习俗，正是大唐遗风。

與趙莒茶讌

竹下忘言對紫茶全勝羽客醉_流霞塵心洗盡與茶

盡一樹蟬聲片影斜

《与赵莒茶宴》

唐·钱起

《全唐诗》，清康熙四十六年
扬州诗局刻本）

与赵莒茶宴

唐·钱起

竹下忘言对紫茶，全胜羽客醉流霞。

尘心洗尽兴难尽，一树蝉声片影斜。[1]

茶会，现如今变成了一种"流行"。

甚至有茶界中人戏称，每一天不是在开茶会，就是在去参加茶会的路上。

茶会繁盛，可见一斑。

以茶为主题，相邀聚会的形式，可以追溯到唐代。

只是那时还不叫茶会，而叫茶宴。

有何为证？

茶诗。

唐代女诗人鲍君徽，写有名篇《东亭茶宴》。随手抄录

---

1. 选自《全唐诗》卷二百三十九，北京：中华书局，1960 年 4 月第 1 版。

原文如下：

闲朝向晓出帘栊，茗宴东亭四望通。

远眺城池山色里，俯聆弦管水声中。

幽篁引沼新抽翠，芳槿低檐欲吐红。

坐久此中无限兴，更怜团扇起清风。

鲍君徽，曾奉诏入宫，是见过大世面的女子。由诗文中可见，在良辰美景中举办茶宴，已是唐代上流社会的一种生活方式了。

唐代另一位诗人李嘉祐，也曾写有《秋晓招隐寺东峰茶宴，送内弟阎伯均归江州》。诗中有"幸有香茶留稚子，不堪秋草送王孙"两句。由此可见，在唐代送行仪式也可以办成茶宴。

以茶代酒，送君千里。

在这一类诗中，唐代钱起《与赵莒茶宴》篇幅最短，但却最为精彩。

说到钱起的身世，其实与茶圣陆羽很像。二人出生的年份，都难以确定。以此一条就可见，钱起的出身绝不会太好。若是王孙贵胄的后代，怎么能连出生年份都没有确切记载呢?

唐天宝十载（751），是钱起人生中值得纪念的年份。这一年他登进士第，释褐秘书省校书郎。曾奉使入蜀地。唐乾元二年（759）至宝应二年（763）春，在蓝田尉任，与诗人王维曾有唱和。

应该讲，钱起与陆羽同时，算是生活在《茶经》问世的时代。

唐代高仲武《中兴间气集》中，选大历年间诗人之作，就以钱起冠首。唐代姚合选编《极玄集》时，称李端、卢纶、吉中孚、韩翃、钱起、司空曙、苗发、崔峒、耿湋、夏侯审为"十才子"。钱起，便是中国文学史上赫赫有名的"大历十才子"之一。

诗人的时代背景，自身经历，是理解诗歌的重要法门。

讲完了作者，回头来看题目。本诗的题目简洁，清楚交代了人物和事件。赵莒是作者的朋友，哥俩一起不喝酒，而是饮茶。

其实仔细想想，"与赵莒茶宴"几个字的文字结构，配上照片可以直接发朋友圈了。我们不是也常说"与闺蜜小聚"或是"与哥们小酌"一类的话?

千万别觉得茶诗晦涩难懂。

其实茶诗当中,字字句句讲的都是人情。

茶宴这种形式,在盛唐之后就算是固定下来了。前文所列举的诗,是题目里就带着"茶宴"二字。若是再将题目里无"茶宴",而内容中讲"茶宴"的诗也加进来,那就更多了。

除去诗,还有文。

唐代诗人吕温,比钱起生活的年代稍晚。他是唐贞元十四年(798)进士,次年又中博学宏词科,授集贤殿校书郎。

吕温在《全唐文》卷六二八《三月三日茶宴序》一文中写道:

三月三日上巳,禊饮之日也。诸子议以茶酌而代焉。乃拨花砌,憩庭阴,清风逐人,日色留兴。卧指青霭,坐攀香枝,闲莺近席而未飞,红蕊拂衣而不散。乃命酌香沫,浮素杯,殷凝琥珀之色。不令人醉,微觉清思,虽五云仙浆,无复加也……"

禊饮,是农历三月间的一种民俗活动。本是饮酒,但这次大家提议"茶酌而代"。

茶宴,可谓是对于酒宴的改良。

026

茶与酒不同，虽"不令人醉"，但却能"微觉清思"。那种饮茶后带来的精神愉悦感，诗人感觉是"五云仙浆"也比不了。

钱起与吕温都是科举考试出身，官场经历也很近似。难怪吕温与钱起一样，都热衷于茶宴。

钱起的《与赵莒茶宴》是一首七言绝句。碍于篇幅所限，其记录的茶宴细节不足。吕温的《三月三日茶宴序》一文，文字详备，描写细致，对于茶宴的缘起和内容有着充分的解释。因此，吕氏一文可当作钱起《与赵莒茶宴》一诗的序言来看。

一诗，一文，倒是可以相互补充。

下面，我们来看诗的正文。

首句"竹下忘言对紫茶"，交代了两个重要内容。其一，是茶宴地点；其二，是茶宴内容。

既然是"竹下"，那茶宴自然是在户外。女诗人鲍君徽的《东亭茶宴》中，有"茗宴东亭四望通"一句。显然，茶宴也是在户外。至于吕温的《三月三日茶宴序》中，有"乃拨花砌，憩庭阴""卧指青霭，坐攀香枝"等句。显然，茶宴还是在户外。

三场茶宴，都是在户外，这显然不会是巧合。

由此可以推断，唐代茶宴欣赏自然之美，推崇自然之美，也追求自然之美。

我记得有一年，在我国台湾坪林老街的文平茶庄喝茶。老板茶席的布置平平，茶器也未见什么亮点，而且他做的文山包种，还是按新的工艺方式，喝起来像极了清香型的铁观音。三口下去，就觉得胃疼。

只是他那张茶桌，是摆在窗前的。窗外便是溪流，远眺隔岸还有茶山。潺潺水声，阵阵莺啼，就是最好的背景乐。抬头可见的一抹绿色，便胜过一切高明的插花技术了。

那时我才明白，唐代的茶宴为何都选在户外了。

自然之美，最合茶性。

第一句后面，讲到了"紫茶"。《茶经·一之源》中，明确写出了"紫者上，绿者次"。可见以"紫茶"为上品，是唐代饮茶界的共识。

茶，还有紫的吗？

当然有。有一些茶树品种，刚萌发出的嫩芽新叶便是紫色。待长到第二茬，即便是嫩芽也只有绿色而无紫色了。因此，"紫茶"可认为是嫩茶的代名词。

我到贵州石阡县时，见过一种苔茶，更是通体发紫。经农学专家研究后发现，这种苔茶之所以发紫，是因花青素含量极高。这么一来，"紫茶"又成了健康茶的象征。

第二句"全胜羽客醉流霞"，可看作是第一句的对仗。

道士讲究羽化成仙，因此也被称为"羽客"。醉流霞，自然是指饮酒之事。而"全胜"，则可理解为"大胜"或"完胜"。

前两句连在一起读，意思就是我们在竹林内以茶为宴，要比你们搞的酒宴强之百倍。

不难看出，不管是钱起、吕温，还是前文提到的李嘉祐，他们都倡导"以茶代酒"，并且坚信"茶能胜酒"。

还是那句话，读诗要从背景入手。

这三位热衷茶宴的唐代诗人拥有的共同背景，那便是都曾"登进士第"。

也就是说，钱起、吕温与李嘉祐都是科举考试出身。

科举与茶有什么关联吗？

我们虽未赶上科举，可大大小小的考试也经历上了不少吧。不管是中考、高考还是考研、考博，哪位敢在备考期间天天喝得烂醉如泥？抑或是，干脆满身酒气闯进考场？

自然不会。

反之，挑灯夜战时我们经常会泡上一杯香茶。既缓解疲劳，又提神醒脑。"斗酒诗百篇"的故事，只会发生在李太白身上。我等凡夫俗子，复习答题时还是喝茶来得靠谱。当然，我们现在也可以选择咖啡甚至香烟。但要知道，在唐代不管是咖啡还是烟草还都未传进中国。最受学子欢迎的饮料，非茶莫属。

对于莘莘学子来说：

饮茶，是雅趣。

酗酒，是恶习。

科举制度，让知识阶层更倾向于选择有约束力的饮品——茶。

茶宴出现在唐代，自然也就在情理之中了。

后两句"尘心洗尽兴难尽，一树蝉声片影斜"，为全诗的点睛之笔。钱起避开饮茶后的体感，既不说"开背"也没聊"灌顶"。而是从精神层面入手，道出"尘心洗尽"四个字。

生活中的不如意，职场中的不顺遂，都会使我们心头蒙尘。

能够洗尽尘心、扫除烦恼的饮品，则非茶莫属。

能够洗尽尘心，我想是很多人爱上茶的真正原因吧。

茶宴的结束，其实是全诗最难表现的部分。诗人此时避实就虚，将镜头从茶宴上移走，而直接定格在周遭的竹林当中。以"一树蝉声"，作为全篇的结尾。

在钱起的另一首诗《省试湘灵鼓瑟》中，诗人末尾也用了同样的手法。"曲终人不见，江上数峰青。"注意到了吗？也是转移镜头。本是在听乐器演奏，曲终时却将镜头定格在了江景。

朱自清先生在评论钱起《省试湘灵鼓瑟》时曾说：

所谓远神，大概有二个意思：一是曲终而余音不绝，一是词气不竭，就是说不尽。这两个意思一从诗所咏的东西说，一从诗本身说，实在是一物的两面。

而《与赵莒茶宴》的尾声，也正是如此。

一方面，茶虽饮完，兴致难尽。侧耳听蝉鸣，恍如大梦初醒。

另一方面，全诗字数用尽，却让人回味无穷。

有同学曾问我：如何体会茶的韵味？

我建议，可以读一读钱起的《与赵莒茶宴》。

過山農家

板橋人渡泉聲茄簷日午雞鳴莫嗔焙茶煙暗却喜曬
穀天晴

《过山农家》

唐·顾况

《全唐诗》清康熙四十六年
扬州诗局刻本）

过山农家

唐·顾况

板桥人渡泉声，茅檐日午鸡鸣。
莫嗔焙茶烟暗，却喜晒谷天晴。[1]

茶诗，多是文人所作。

笔墨，大多集中在"品饮"环节。

很少有作品真正涉及"工艺"领域。

这首《过山农家》算是个特例。

因此，值得一讲。

老规矩，还是先从作者聊起。

顾况，字逋翁，自号华阳山人。

这位诗人，大约比茶圣陆羽大五岁。老哥俩，算是同时代的人。

1. 选自《顾况诗集》，南昌：江西人民出版社，1983 年 3 月第 1 版。

　　既然时代相同，诗中所言的茶事也就可与《茶经》互为印证。

　　这便是顾况茶诗，另一点价值所在。

　　唐至德二载（757），三十岁的顾况登进士第。历任杭州新亭监盐官、温州永嘉监盐官、浙江东西使、秘书郎、著作佐郎等职。后因厌倦官场气氛，辞官而去。

　　此诗，大约作于诗人晚年隐居润州茅山期间。

　　如今我们很多人被职场所困。其实大可洒脱些，或许更大的舞台，是生活。

　　顾况的归隐或是正确的选择。

　　他的成就不在官场，而在诗坛。

　　顾况在诗坛的地位如何？

　　连大诗人白居易的成名，也是拜顾况所赐。

　　白居易少年时，闯荡长安文坛。初来乍到，总是要先拜拜码头，看望一下当时的文坛名家。

　　这位文坛名家，就是顾况。

　　白居易来到顾况府上，恭恭敬敬地递上名帖。顾况一看"白居易"三个字，不禁顺口开玩笑说："米价方贵，居亦弗易。"

那意思就是说：长安物价挺贵，你一个毛头小子，想"居易"可很难呀！

白居易没说话，接着递上自己的作品：

离离原上草，一岁一枯荣。野火烧不尽，春风吹又生……

顾况一看，不禁暗自称赞。看不出来，这不到二十岁的小伙子，竟然能有这样的文笔。随即改口说："道得个语，居即易也。"也就是说：凭着你这才气，想在长安城居住（即站住脚）确实很容易！

自此，白居易名震京城。

一句赞誉，就能成就白居易的美名，顾况在文坛的地位可想而知。

聊完了作者，再来看题目。

"过山农家"只有四个字，但内容却很丰富。

一个"过"字，可解释为"经过"或"路过"。

从而，表明了诗人客场的身份。

关键，故事发生的地点也很有趣。

是山农的家中，而非府邸豪宅。

　　一旦走出书斋，这首茶诗也就不只是品饮了。

　　题目之后，该讲内容。

　　但这一次，我要先聊聊《过山农家》十分特别的体例。

　　四言诗，《诗经》中比比皆是。五言诗、七言诗，也不算新鲜。唯有六言诗，在中国诗歌史上凤毛麟角。

　　《过山农家》就是一首罕见的六言绝句。

　　六言诗，每句字数都是偶数。六个字，明显是由三个词组成。因此一句话念出来，可以分三次停顿。对偶骈俪，精致整饬，语言灵动。

　　但看似简单，实则最吃功夫。

　　纵观唐代诗歌，六言绝句寥寥无几。时代较早，且精彩夺目者，当首推盛唐诗人王维《田园乐七首》的第六首，顺带抄录如下：

　　桃红复含宿雨，柳绿更带朝烟。

　　花落家童未扫，莺啼山客犹眠。

　　自王维此诗以下，六言诗之精品就应数顾况的《过山农家》了。

　　《过山农家》，也成了中国现今可查茶诗中，唯一一首六言绝句。

此诗，爱茶人不可不读。

别看就二十四个字，还可分为上下两个部分。

前两句，写景。

后两句，记言。

每一句，还可再断为三个场景。三个场景，就是三个分镜头。若是拍一部题为《过山农家》的短片，这首诗就是现成的拍摄脚本。画面感极强，又是此诗的一大亮点。

我们来看正文。

第一个六字，可断为：板桥、人渡、泉声。

短片由远处开拍，本是一座板桥。慢慢镜头推进到近处，便见过桥之人。背景音乐，顾况也已想好，就用潺潺溪水之声。

第二个六字，可断为：茅檐、日午、鸡鸣。

这次拍摄手法，从由远及近，变为由下至上。先从农家的茅草房开拍，镜头一摇，再给太阳一个特写。

既表明了故事发生的天气——晴天。

又说明了故事发生的时间——中午。

背景音乐，诗人也有安排，就用声声鸡鸣之音。看起来，顾况生在唐朝是大诗人，要是活在当下绝对是名导演。艺术之间，本有相通之处。

写诗，像拍电影。

读诗，像看电影。

电影看到这里，主角已经到达指定场景，即山农的家中。

由此，便引出来后半段，也就是第三、四两句。

茶事，就在当中。

顾况到了山农家里一看，原来人家正在忙碌。

"莫嗔焙茶烟暗，却喜晒谷天晴"，这两句一般都理解为，山农对诗人表示歉意的话：

因为焙茶，将家里弄得乌烟瘴气。又赶上喜人的大太阳天，正好晒晒谷子。

瞧把我给忙活的，家中来了贵客，我却不能分身招待。

可这样一说，倒显得山农与诗人间生分了。

如果这句话，是诗人对山农所说，似乎更为合理。

既然是"过"山农家，肯定没有提前打招呼。

诗人来的时候，正赶上起火焙茶，烟熏火燎，自然没法待客。

弄了山农一个措手不及，场面不免尴尬。

但顾况不是一般的城里人，也没有高级官员的架子。

不仅不怪，反而上前解围：

老乡你说焙茶把家里搞得乌烟瘴气，此言差矣！难得是个晴天，正好还能翻晒谷子呢，不是？

这样一来，"莫嗔"与"却喜"两个词，就都解释得通了。

这两句诗，为何要反复推敲？

这两句诗，恰好道出了"焙茶"的奥秘。

其实"焙火"，可谓是最早的制茶工艺之一。

这种工艺有多早？早在陆羽所在的时代，焙火工艺就已经十分成熟了。

正确认识"焙"这种工艺，有利于我们分辨茶叶的好坏。《茶经·二之具》记载：

焙，凿地深二尺，阔二尺五寸，长一丈，上作短墙，高二尺，泥之。

　　由此可见，当时的"茶焙"要挖地修建。换句话讲，"茶焙"是半永久性的，而绝非临时性的。

　　为何如此？

　　因为想制好一款茶，绝离不开焙茶的工艺。

　　顾况与陆羽，生活时代相同。《过山农家》中记载的"焙茶"工艺，恰好可以补充《茶经》中的内容。

　　回过头来，再读茶诗。

　　为何要焙茶？

　　大胆推测，可能是近些天来一直阴雨连绵。

　　虽是推测，但也有不少旁证。

　　其一，诗人来的路上听见"泉声"。小溪潺潺，水声本不应太大。但若是近来雨水频繁，导致溪水暴涨，那"泉声"两个字就解释得通了。

　　其二，只有在空气湿度大的时候，点火烧炭才会容易起烟。所以"焙茶"，才会导致"烟暗"。

　　其三，谷子同样容易受潮，因此才有"晒谷"之事。

　　由此我们可以得出结论：由于天气连绵阴雨，使得茶叶受潮。从而用焙的方式，祛除茶中的水汽。这种对于茶叶的处理方法称为"复焙"，至今仍在使用。

很多有年份的茶叶，看似风烛残年。经过焙茶师傅的巧手，老树新花，大放异彩。

其实先人焙茶想法单纯，就是为了去除茶中水分，从而使其在保存过程中不易霉变。可是久而久之，人们发现焙过的茶风味独特，口感也明显优于不焙的茶。无心插柳柳成荫，焙火工艺，从此受到重视。

焙火，本是茶农千百年来摸索出的经验。

现如今，焙火的神奇之处，也得到了科学的解释。

夏涛主编的《制茶学》(第三版)中认为：

烘焙是稳定、提高和形成乌龙茶品质的重要工序。烘焙可使揉捻叶中的水分不断蒸发，紧结外形；固定烘焙之前形成的色、香、味和形品质，稳定茶叶品质，使茶叶得以长时间贮存而不变质。

焙茶过程中，在热的作用下，茶叶中的有效成分进行转化。

焙茶工艺，可有效提高滋味甘醇度，增进汤色，发展香气。

现如今的焙茶工艺，在《茶经》时代的基础上大为发展，广泛应用于白茶、红茶和乌龙茶等的制作当中。

焙茶工艺繁复，传承有序。

仅以乌龙茶焙火为例，就要细分为初焙、复焙和足干。

初焙又称毛火、初烘，复焙又称复火、复烘，足干又称足火。其中毛火温高，时间短，足火温低、时间长。至于焙茶的具体温度和时间，又要根据茶叶情况而定了。

顾况的《过山农家》是目前发现最早讲述"焙茶"工艺的茶诗。

此诗的珍贵之处在于，可与《茶经》互为佐证，说明"焙茶"工艺已有一千多年的历史。

可众所周知，焙火茶如今并不走红。

习茶人都知道，焙火茶的美好是需要细细品味的。

喝不惯，急不得。

喝惯了，戒不掉。

可为了迎合市场，打造快销品种，香高汤靓的清香型茶，才更能吸引不了解茶的人。乌龙不但不焙火，甚至有绿茶化的趋势。

不焙火的乌龙茶，喝久了伤胃怎么办?

管不了那么许多，茶商需要的是畅销，而不是常销。

为了抬高所谓的"清香型茶"，有的人还口出谬论："好茶，绝对不焙火! 只有廉价茶、变质茶、发霉茶才要焙火……"

传承千年的工艺，如今却要摒弃。

技法精妙的焙茶，如今濒临失传。

长此以往，爱茶人会不会再无焙火茶可饮?

长此以往，爱茶人会不会只能空读《过山农家》?

不得而知。

越人遺我剡溪茗，採得金牙爨金鼎。
素瓷雪色縹沫香，何似諸仙瓊蕊漿。
一飲滌昏寐，情來朗爽滿天地。
再飲清我神，忽如飛雨灑輕塵。
三飲便得道，何須苦心破煩惱。
此物清高世莫知，世人飲酒多自欺。
愁看畢卓甕間夜，笑向陶潛籬下時。
崔侯啜之意不已，狂歌一曲驚人耳。
孰知茶道全爾真，唯有丹丘得如此。

右錄唐皎然《飲茶歌誚崔石使君》 林瑩

《饮茶歌诮崔石使君》

唐·皎然

（林莹女士书法作品）

饮茶歌诮崔石使君

唐·皎然

越人遗我剡溪茗，采得金牙爨金鼎。

素瓷雪色缥沫香，何似诸仙琼蕊浆。

一饮涤昏寐，情来朗爽满天地。

再饮清我神，忽如飞雨洒轻尘。

三饮便得道，何须苦心破烦恼。

此物清高世莫知，世人饮酒多自欺。

愁看毕卓瓮间夜，笑向陶潜篱下时。

崔侯啜之意不已，狂歌一曲惊人耳。

孰知茶道全尔真，唯有丹丘得如此。[1]

茶道，是如今爱茶人常提及的词汇。

只不过，提到"茶道"二字，联想到的不是中国，而是

---

1. 选自《杼山集》（文渊阁四库全书本）。

日本。

茶道的名人，是千利修。

茶道的四谛，是和敬清寂。

茶道的核心，是一期一会。

与茶道相关的一切，似乎都伴有浓浓的和风。

有学生问：中国有茶道吗？

我想，是有的。

毕竟，我们早在一千两百多年前的唐朝，便提出了"茶道"的概念。

最早提及"茶道"二字的书籍，是封演的《封氏闻见记》。

最早提及"茶道"二字的诗歌，是皎然的《饮茶歌诮崔石使君》。

按下皎然的诗暂且不表，我们先来看看封演的说法。

《封氏闻见记》卷六《饮茶》中记载：

楚人陆鸿渐为《茶论》，说茶之功效。并煎茶炙茶之法。造茶具二十四事，以都统笼贮之。远近倾慕。好事者家藏一副。有常伯熊者，又因鸿渐之论广润色之，于是茶道大行，王公朝士无不饮者。

这其实就是一段夸赞茶圣陆羽的话。

说的是，自从出了个陆鸿渐之后，饮茶之风盛行。

这里提到的"茶道"，可以解释为饮茶的习惯。

《封氏闻见记》的作者封演，生卒年代不详。

但可知他是唐天宝十五载（756）登进士第，与陆羽算是同时代的人。

总结起来，《封氏闻见记》中，写的是具象的茶道。

要想了解更多关于"中国茶道"的内涵与外延，还是得读读皎然的《饮茶歌诮崔石使君》。

茶史研究，总不能绕开茶诗。

老规矩，还是从作者讲起。

皎然，大约生于公元720年前后，却也不知具体是何时去世。

他是唐代一位著名的诗僧，俗家姓谢，字清昼，是南朝文人谢灵运的十世孙。

皎然僧早年也学儒学道，安史之乱后在杭州灵隐山剃度出家，后来长期居于吴兴杼山妙喜寺。

陆羽在《陆文学自传》中，提到的师友不多，却就有皎然和尚。

茶圣称与皎然是"缁素忘年之交"，可见二人关系莫逆。

皎然也在《赠韦早陆羽》中写道：

只将陶与谢，终日可望情。

不欲多相识，逢人懒道名。

作者把韦早与陆羽，比作是南朝高士陶渊明与谢灵运。

表明自己不愿过度社交，唯独与韦、陆二人交好。

既然是陆羽的朋友，自然也是与茶密不可分。

我早年在学校的图书馆里，曾经读过茶学前辈钱时霖先生于二十世纪八十年代写的一篇名为《僧皎然与茶》的文章。自那时便知，皎然写了不少与茶相关的诗文。而在皎然的茶诗中，文学性最佳的便是这首《饮茶歌诮崔石使君》。

不仅如此，这首诗更是关于中国茶道最早的记载之一。

诗的题目里，有一个字比较生僻，要格外讲一下。

诮，音同"翘"，解释为责备或者嘲讽，可以组词作诮诘、诮责或诮斥。

纵观上下文，作者皎然和这位崔石使君应是朋友。

好朋友之间，将"诮"解释为"责备"就有点重了，还是解释为"嘲讽"更为恰当。毕竟，好友之间挤兑两句，也是常有的事。

这个字解释清楚了，题目的意思也就明白了。

皎然要作一首饮茶歌，来嘲讽好朋友崔大人。

因为什么事，崔大人要遭受嘲讽呢？

想必和茶有关。

我们来看正文。

前四句是本诗的第一部分。

讲的是饮茶的过程。

今天我们总说吴越文化，其实范围涉及两个省。

吴文化，以江苏省为中心。

越文化，以浙江省为中心。

越人送来的茶，自然是浙江的名茶。

剡溪，是水名，一般指的是天台山入杭州湾的曹娥江上游部分。具体位置，大致在如今浙江省绍兴市的嵊州境内。

唐朝时的剡溪，是爱茶人心中的圣地。虽然剡溪距离湖州尚有一段距离，但茶圣似乎常出游于此。陆羽《会稽东小

山》一诗中，便有"月色寒潮入剡溪，青猿叫断绿林西"的
诗句。

越地的朋友，送来了这么好的剡溪茶，诗人自然不能等
闲视之。

下句中的"金牙"，不是真的金牙，而指的是名贵的
茶芽。

至于"金鼎"，也不是黄金的宝鼎，而指的是名贵的
茶器。

诗歌不同于著作，有实写也有虚写。

虚实结合，美感自生。

按照唐代煎茶法烹饮，茶汤中泛起层层沫饽。

美味异常，如同仙蕊琼浆。

后面的六句，是全诗的第二部分。

讲的是饮茶的感受。

第一碗喝下去，昏昏沉沉的状态荡然无存。请注意，这便
是咖啡因在起作用了。古人没喝过咖啡，更没喝过可乐，对于
咖啡因十分敏感。这种"涤昏寐"的效果，原要比今天的人体
会深刻。当然，如今在沉闷的午后，我们坐在工位上泡一杯好

茶，自然也会"情来朗爽满天地"，那多半是因为我们心中爱茶吧？

与其说，喝茶是提神。

不如说，喝茶是悦心。

第二碗喝下去，神清气爽的状态呼之欲出。如果刚刚还是在和不好的情绪作斗争，那么现在则是开始享受美好的心情了。

再来第三碗，情况又有了变化。

这已经不是高兴与否的问题，而是一下子便"得道"了。

得的是什么道？

想必就是茶道。

人们总是在苦苦思考，怎么才能消除忧愁呢？

是修仙，还是拜佛？

皎然答：喝茶。

要想脱离苦海，难道不是应该皈依三宝吗？

皎然说：三饮便得道，何须苦心破烦恼。

身为僧人，这岂不是有悖于佛法？

其实，并非如此。

皎然茶诗中的说法，恰好符合佛教禅宗的思想。

为了更好地理解皎然从茶中所得之道，我们不妨来讲个故事。

有一次，佛印和尚与苏轼同游杭州灵隐寺。逛来逛去，二人来到观音像前。

苏轼问：善男信女拿着佛珠，是为了念诵菩萨。大师请看，观音怎么也拿着念珠呢？观音又念诵谁呢？

佛印回答：念诵观音。

苏轼追问：观音为什么要念诵观音？

佛印回答：因为菩萨比谁都清楚，求人不如求自己。

快乐生活，其实也是一样。

一杯清茶，便可开心，又"何必苦心破烦恼"呢？

这句诗，恐怕只有爱茶人才能够真正理解吧？

诗读到这里，大家恐怕都已经觉得耳熟了吧？

皎然的"三碗茶"，会让人不自觉想到卢仝的"七碗茶"。

其实在唐代诗坛，卢仝是皎然的晚辈。

文学史中，有一个重要的诗歌派别叫作"韩孟诗派"。

这个"韩孟诗派"是唐代中期贞元、元和、长庆时期的一个诗歌派别。主要人物是韩愈和孟郊，重要人物还有李贺、贾岛和卢仝等人。

这个派别形成于安史之乱后，风格一反盛唐风貌，诗歌创作追求奇险，甚至有些怪癖。而对"韩孟诗派"有直接影响的人，就是诗僧皎然。

纵观皎然的诗论及诗歌，已经有着明显的创新和努力。他在谈及诗歌意境创造时也曾说：

取境之时，须至难至险，始见奇句。成篇之后，观其气貌，有似等闲，不思而得，此高手也。

如文中所言，皎然自己也确实写了很多"险怪诗"。

例如这首《饮茶歌诮崔石使君》，既不是绝句也不是律诗，更谈不上五言或是七言了。不拘泥于格式，才有了"三碗得道"的妙语连珠。

卢仝作为"韩孟诗派"的重要成员，诗歌风格上也明显受到皎然的影响。

应该讲，大名鼎鼎的《走笔谢孟谏议寄新茶》就是脱胎自《饮茶歌诮崔石使君》。卢仝凭借这首茶诗，几乎与茶圣陆羽齐名。皎然这首《饮茶歌诮崔石使君》，知道的人却并不多，不得不说是一件憾事。

让我们把视野，拉回到原文之中。

最后的八句，是全诗的第三部分。

讲的是茶酒的关系。

皎然感叹，茶虽清雅，世人知道的却很少。反倒是饮酒之人，比比皆是。

这部分用了两个典故，也是理解的难点。

第一个是毕卓。

他是东晋时期的官员，常因喝酒而贻误工作。

另一个是陶潜。

也就是著名的陶渊明，常因畅饮而备受推崇。

皎然提到这两位"酒鬼"时，用了"愁看"和"笑向"两个动词。字里行间，透着一股子轻视。他在另一首茶诗《九日与陆处士饮茶》中，也有"俗人多泛酒，谁解助茶香"的讲法。

显然，皎然不推崇饮酒。

后面写"崔侯啜之意不已"，虽然没有点透，但联系上下文也能知道，这位崔大人也是一位好酒之人。皎然作为朋友，不禁要以"诮"的方式进行讽谏。

诗歌最后犀利地指出：真正的"茶道"，恐怕不是凡夫俗子能体会的吧。

那么，到底什么是茶道呢？

这是个大课题，恐怕不是三言两语可以讲清楚的。

日本学者桑田忠亲在《茶道六百年》中写道：

茶道，是日常生活中的艺术，是生活起居的礼节，也是社会的规范。（李炜译）

这与皎然茶诗中的茶道，可能还不完全相同。

在皎然看来，连陶渊明采菊东篱下的生活都带有借酒消愁般的消极。

爱茶，是更豁达、更积极、更加健康的价值观。

清醒地看待世界，涤去心中的昏昧，面对爽朗的天地，这才是爱茶人的生活。

皎然的茶诗，奠定了中国茶道的基调。

如果日本茶道，算是一种艺术形式。

那么中国茶道，则是一种生活方式。

　　不论在任何情况下，一杯茶都是我们寄托情感的好办法。

　　不论外在物质条件充裕与否，我们都可以在茶汤中寻求安慰。

　　没有茶室，有一张茶桌也好。

　　没有茶桌，有一把茶壶也行。

　　中国的茶道，不拘泥于表现的形式，而更看重内心的感受。

　　日本茶道，讲究和敬清寂。

　　中国茶道，追求开开心心。

尋陸鴻漸不遇

移家雖帶郭野徑入桑麻近種籬邊菊秋来未著
花扣門無犬吠欲去問西家報道山中出歸時每
日斜

《寻陆鸿渐不遇》

唐·释皎然

（《才调集》，明崇祯元年
毛晋汲古阁刻本）

寻陆鸿渐不遇

唐·皎然

移家虽带郭，野径入桑麻。

近种篱边菊，秋来未著花。

扣门无犬吠，欲去问西家。

报道山中去，归时每日斜。[1]

茶圣陆羽，身世颇为离奇。

无父无母，不知姓字名甚。

无妻无子，始终孑然一人。

来无影去无踪，来到人世间，仿佛只为了成就中国茶事。

看着陆羽的身世，总是让我想到《西游记》里"江流儿"出身的唐僧。

---

1. 选自《杼山集》（文渊阁四库全书本）。

唐僧，有三个徒弟。

陆羽，有一群朋友。

以至于，朋友的诗文成了研究陆羽生平的重要文献。

这其中，本首茶诗的作者皎然，又是最绕不开的一位。

老规矩，我们还是从作者的生平讲起。

《全唐诗》卷八百十五，对于皎然的生平有简要概述，先行抄录：

皎然，名昼，姓谢氏，长城人，灵运十世孙也。居杼山，文章儁丽，颜真卿、韦应物并重之，与之酬倡。贞元中，敕写其文集，入于秘阁，诗七卷。

古人惜字如金，五十一个字便概括了皎然一生。

我们不妨，讲得更细一些吧。

皎然是僧人，俗家姓谢，名昼。上文中提到的"长城"，可与万里长城没关系，而是指湖州长城（今浙江湖州长兴）。

他出身名门望族，是南朝著名诗人、政治家谢灵运的后代。李白在《梦游天姥吟留别》中，有"脚著谢公屐，身登青云梯"两句。这里面的"谢公屐"，指的就是与谢灵运同款的鞋子。

但皎然已经是灵运的十世孙，相隔数百年，也未能继承什么家业。

若说有所继承，那估计就是谢灵运的才情吧。

俊丽秀美的文风，使得唐代颜真卿、韦应物这样的大诗人都为之侧目，他们常与皎然有诗文上的应答。

在皎然早期的诗歌作品中，既有其先祖谢灵运的清丽，也有大历诗坛流行的轻巧。更为重要的是，他个人将佛法禅机加入其中，使人读之深思。

这种文风，与他的家族背景也不无关系。

谢灵运是南朝名士，在《宋书》和《南史》中都有传。但灵运性格过激，最终死于非命。皎然深谙经史子集，对于先祖的经历烂熟于心，并以史为鉴。

《宋高僧传·唐湖州杼山皎然传》中记载：

昼清净其志，高迈其心，浮名薄利所不能啖。

看起来，皎然的情商要比灵运更胜一筹。

说完了作者，我们再来看题目。

古人的称呼，由姓、名、字、号组成。

直呼其名，一般是较为正式的场合，也可能是较为紧张的关系。

称呼表字，则多是非正式的场合，也常用在亲密关系中。

拿《三国演义》为例。

桃园三结义的大哥，姓刘名备字玄德。

两军对战时要喊：刘备，快快出城受死。

朋友见面时则说：玄德公，别来无恙。

茶圣，姓陆名羽字鸿渐。题目中，皎然称其为陆鸿渐，代表了二人关系的亲昵。

陆羽在自传中提到的朋友并不多，但皎然榜上有名。

宋李昉等编《文苑英华》卷七九三《陆文学自传》中记载：

泊至德初，秦人过江，子亦过江，与吴兴释皎然为缁素忘年之交。

缁，意黑色，引申为黑衣。

素，意白色，引申为白衣。

又因为当时的僧人，常常身着黑衣。

所以缁素看似说黑白，实际上代指僧俗。

皎然是僧人，陆羽是俗家，这便是缁素之交。

至于忘年之交，自然很好理解。虽然皎然与陆羽的生年都不甚确定，但想必陆羽应是更年轻的一方。

总而言之，二人的友谊超越了僧俗与年龄的界限。

现如今《全唐诗》中，共收录皎然诗7卷。

其中题目涉及陆羽的就有10首。

现抄录如下：

《寻陆鸿渐不遇》

《访陆处士羽》

《赠韦早陆羽》

《奉和颜使君真卿与陆处士羽登妙喜寺三癸亭》

《喜义兴权明府自君山至集陆处士羽清塘别业》

《寒食日同陆处士行报德寺宿解公房》

《同李侍御萼李判官集陆处士羽新宅》

《春夜集陆处士居玩月》

《往丹阳寻陆处士不遇》

《九日与陆处士羽饮茶》

不管是陆羽的自传，还是皎然的诗歌，都透露着二人深厚的友谊。

那么问题来了，既然是好朋友，怎么拜访还会不遇呢？

若是放在今天，即使再亲密的关系，相见也要提前约定。

直接跑到单位或家中去拜访，那是非常没有礼貌的行为。

但在古代，没有电话也没有网络，提前预约不可能实现。

于是乎，走亲访友也就成了碰运气的事情。

若不然，刘备又怎么会三顾茅庐呢？

因此，诗歌中就常出现一种"访友不遇"的题材。

其中最著名的篇章，该算是唐代贾岛的《寻隐者不遇》了。

原文如下：

> 松下问童子，言师采药去。
>
> 只在此山中，云深不知处。

见不到，才是常事。

见得到，倒是意外。

了解了作者及题目，我们可以开始拆解正文了。

前两句，讲的是陆羽的近况。

茶圣一生，曾多次更换居所。

文中的"带郭"，指的是靠近城池围墙的地方。

当然，凡是这么说一定是指在城外居住。

虽是城外，却又不远，类似于后世所说的"关厢"或"近郊"。

现在很多人，也都选择在大城市的郊区生活。

既可以享受都市的繁华，又为自己的生活留几分清静与恬适。

陆羽的新居，离城不算太远，但已经十分安静。

沿着郊野的小路，直走到桑麻丛中才能见到房舍。

头两句的写法，颇有东晋陶渊明"结庐在人境，而无车马喧"的隐士风韵。

其实陆羽选的居所，又何尝不是自己的人生定位呢？

他虽然与官员名流走得很近，但却一生不仕。

醉心茶事，只做了个富贵荣华的观望者。

三、四两句，是诗人的观感。

终于找到了陆羽的新居，发现小院颇为雅致。

别看是搬来不久，却已经种上了菊花。

与前两句的诗风一样，居不可一日无菊也是受陶渊明的影响。

由此可见，陆羽不做官也是榜样的力量了。

但估计是刚种下去不久，虽然到了秋天却还没有开花。

借着花事，也点出了诗人拜访的时间正值秋日。

五、六两句，是诗人的遭遇。

既然找到了，赶紧上前敲门。

结果没人应门，小院里连声狗叫的声音都没有。

当然，访友不遇也是常事。

但远路而来，多少有些遗憾呀。

要离开时，心里多少有点不甘心。

于是乎，诗人走到邻居家询问陆羽的去向。

七、八两句，是邻居的评价。

结果，还是邻居道出了实情。

原来陆羽确实不在家中，已经到山中去了。

一句"归时每日斜"，道出了邻居的不解之情：这个叫陆羽的人可真怪，没事就往大山里跑。回来的时候，常常是日已西斜。

诗人借邻居的口，描述了陆羽的日常生活。手法巧妙，自然而然。

整首诗的前半部，写陆羽的隐居之地。

整首诗的后半部，写不遇的现实情况。

全诗似乎重点都不在陆羽身上，但最终还是为了咏人。

僻静的居所，未开的菊花，空荡的院落，疑惑的邻居。

四个场景，都在勾勒陆羽的生性疏荡和行为不俗。

全诗才四十个字，毫无生僻字词。

读起来轻松愉快，别有一番韵味。

近人俞陛云在《诗境浅说》中评价道：

此诗之萧洒出尘，有在章句外者，非务为高调也。

皎然诗如白茶，初饮是不觉惊奇，常饮却回味无穷。

说完了正文，还要唠叨几句闲话。

其实去找陆羽，扑空是高频事件。

陆羽自己在《陆文学自传》中也说：

往往独行野中，诵佛经，吟古诗，杖击林木，手弄流水，夷犹徘徊，自曙达暮，至日黑兴尽，号泣而归。

"往往"二字，表明陆羽"独行野中"是常有的事。怪不得，朋友们找他总是"不遇"了。

那么陆羽到户外，到底去做什么了呢？

答：采茶。

证据，还在皎然的茶诗当中。

皎然除去这首《寻陆鸿渐不遇》，还有一首类似的《往丹阳寻陆处士不遇》。

唐代的丹阳县，在今天的江苏省镇江市南部，距离当时陆羽居住的湖州颇远。皎然来丹阳办事，听说陆羽也在此处，便来拜访，结果也是扑空。

原来丹阳这个地方，住着一位诗人名叫皇甫冉。他生于甘肃，却因为喜欢江南而迁居至丹阳。本也是一位隐士，后因张九龄举荐，走向仕途。皇甫冉的弟弟皇甫曾也是诗人，同样住在丹阳。

我们在皇甫氏弟兄的诗文里，可以发现陆羽行踪的线索。

皇甫冉，写有一首《送陆鸿渐栖霞寺采茶》。

皇甫曾，写有一首《送陆鸿渐山人采茶回》。

原来，陆羽到丹阳，名义上是会友，实际上还是访茶。

皎然访陆羽不遇，也就在情理之中了。

陆羽《茶经·二之具》中，第一次出现了"茶人"这个名词：

籝，一曰篮，一曰笼，一曰筥，以竹织之，受五升，或一斗、二斗、三斗者，茶人负以采茶也。

这段话里，其实主要介绍了籝这种工具。

但与此同时，顺便提到了"茶人"二字。这便是关于茶人，最早的文字记载了。

这里的茶人，显然与今天的含义大相径庭。如果直译过来，《茶经》中的茶人应该是指采茶人，就像陶渊明《桃花源记》中，渔人是指打鱼人一样。

茶学，本是十分综合的学科。

既有化学、生物的常识，也有历史、文化的积累。

当然，还要实践。

泡茶与品茶的练习，就是一种实践。

采茶与制茶的见习，也是一种实践。

当然，不见得每个人都要跑到茶区拜师学艺。但熟知茶叶制作的流程，却是必修的功课。脱离开生产技术的习茶，最终只会落入玄学的天地。

陆羽毕竟是文人，他不见得就是一位制茶大师。但他常年穿行于山野之间，来往于茶坊之中，熟知茶叶采制的流程。所以陆羽不光能写"五之煮"与"六之饮"，更可以写"二之具"与"八之出"。

陆羽，无愧于茶人的称号。

作为后学的我们，却还差得很远吧?

歌

太和中，复州有一老僧
云是陆弟子，常讽此歌。

不羡黄金罍，不羡白玉杯，不羡朝入省不羡暮入台，惟
美西江水曾向金陵城下来

《歌》

唐·陆羽

《全唐诗》，清康熙四十六年
扬州诗局刻本

歌

唐·陆羽

不羡黄金罍,

不羡白玉杯。

不羡朝入省,

不羡暮入台。

千羡万羡西江水,

曾向金陵城下来。[1]

陆羽,因写就《茶经》而闻名于世。

但很少有人知道,其实茶圣也写过诗。

《全唐诗》卷三百八,共收录陆羽两首诗。一首为《会稽东小山》,另一首便是今天要讲的《歌》。

关于这首《歌》的来源,《全唐诗》中这样记载:

---

1. 选自《唐国史补·因话录》,上海:上海古籍出版社,1979 年 1 月第 1 版。

太和中，復州有一老僧。云是陆弟子。常讽此歌。

"讽"字，在这里解释为"不看着书本诵读"，可引申为"背诵"。

原来是一名自称陆羽弟子的老僧，经常背诵这首《歌》。

最终，老师的诗歌，靠弟子推广，而最终流传后世。

文中的"太和"，是唐文宗的年号。前后共计九年，从公元827年开始，至公元835年结束。陆羽，则是于公元804年去世。也就是说，这首诗的出现，是在陆羽辞世仅二十余年后。相对而言，年代相近，可信度较高。

作者陆羽，大家太熟悉了。因而，我们从诗的题目讲起。

《歌》这个诗名，多少有点不走心。恐怕，是后人加上去的。

至于原来的名字是什么？已经无从考证。

抑或是，原来这本是茶圣陆羽自己随口叨念，也就没有正式的名字。

后来准备收入《全唐诗》，总要有个名字才好。于是，就随便起了个名字，叫《歌》吧。

陆羽的《歌》与李商隐的《无题》，有异曲同工之妙。

一首诗的题目，会给读者很大帮助。这也是我一直坚持以作者、题目、正文的顺序来解读茶诗的原因。

像卢仝的《走笔谢孟谏议寄新茶》、白居易的《谢李六郎中寄新蜀茶》等，题目里恨不得让时间、地点、人物样样俱全。

茶诗题目的信息量越丰富，读者理解起正文就越容易。

相较而言，陆羽的这首《歌》，题目几乎没有任何内容。

为何而写？

为谁而作？

都不得而知。

因此，陆羽的这首茶诗，也就成了茶学界千古之谜。

别急，既然解读题目行不通，不妨直接从正文中找答案。

此诗的前四句，两两对仗。

黄金罍，对应着白玉杯。

两件，都是名贵酒具。

朝入省，对应着暮入台。

二者，都是宦海生活。

黄金罍、白玉杯，朝入省、暮入台。

常人，求之不得。

陆羽，皆不羡慕。

由此可见，茶圣陆羽没有功利之心，不求荣华富贵。

这怎么可能？

其实也不足为奇。

毕竟，他有茶相伴。

一杯茶，能给身、心带来双重的满足感。

爱茶的人，乐在其中。

不爱茶的人，不知所云。

陆羽的"四不羡"，只有爱茶之人才能理解。

这首《歌》，通篇没有一个"茶"字。

这首《歌》，却只有爱茶人才能真正读懂。

陆羽的《歌》，自然也可算是一首茶诗了。

四个不羡慕后面，是让读者更为好奇的内容。

到底是什么，能够让茶圣陆羽羡慕呢？

而且，不是一般的羡慕，而是"千羡万羡"。

原来，是西江水。

也就是说，无比羡慕西江水。

为何羡慕西江水？

答：曾向金陵城下来。

茶圣和金陵城，到底有什么不解之缘？

唐上元二年（761），二十九岁的陆羽到江宁栖霞寺研究茶事。

金陵与江宁一样，都是南京的古称之一。

应该说，金陵是陆羽访茶中的一站。虽有交集，但看不出什么特别之处。

那就奇怪了！既然金陵没什么特别之处，又何必"羡"呢。

其实有个地方，确实对茶圣陆羽有特别的意义。

不是金陵，而是竟陵。

熟悉茶圣生平的人都知道，陆羽便是竟陵人。

那么，诗中"金陵"二字，有没有可能是"竟陵"的误传呢？

非常有可能。

因为"竟陵"这个地方，多次改名。

好好的地名，为何要改？

答：避讳。

所谓"避讳"，就是达官显贵名字里的字，老百姓不能使用，从而以示尊重。

皇帝的名字，称为"圣讳"。达官显贵的名字，则叫"官讳"。

拿我居住的城市北京来说，地名就常要改名以"避讳"。

紫禁城的北大门，原来叫作"玄武门"。后来为了避康熙皇帝"玄烨"的圣讳，就改叫"神武门"，沿用至今。

再例如北京城外城有一座城门，原叫作"广宁门"。后来为了避道光皇帝"旻宁"的圣讳，就改叫"广安门"，也沿用至今。

"竟陵"这个地方，就曾多次因冲撞圣讳而遭改名。

"竟陵"第一次改名字，是在五代时期。

后晋天福元年（936），为避皇帝石敬瑭的名讳，改"竟陵"为"景陵"。

有人要问，"石敬瑭"三个字与"竟陵"没有重合，为何避讳呢？

因为，"敬"与"竞"是同音字。

谐音，敬情也得避讳。

真是防不胜防。

后来改朝换代，名字就改回去了，还叫"竞陵"。

谁承想，宋太祖赵匡胤祖父的名字叫赵敬之。"敬"与"竞"还是谐音，还得避讳。

北宋建隆三年（962），"竞陵"第二次改为"景陵"。

当地老百姓一想，咱们这次也别改回来了，回头还得折腾。于是乎，"景陵"这个名字，一直沿用到清朝初年。

没想到，清朝康熙皇帝去世后，下葬的陵寝名就叫"景陵"。

这次不是谐音，而是重名了。

没办法，"景陵县"再次改名为"天门县"。

"天门"的名字，沿用至今。

茶圣陆羽的老家"竞陵"，曾经多次改名。因此这首《歌》在流传过程中，"竞陵"二字也就要经常替换。

替换来替换去，就容易出错。

大胆推测，诗中"金陵"二字，很可能是"竟陵"之误传。

若真是如此，一切都说得通了。

陆羽身世凄惨，是个"不知何许人也"的弃婴。三岁时，被丢在湖北竟陵龙盖寺的门前。最终，被寺庙内的智积禅师收养。

竟陵，是陆羽的重生之地。

禅师，是陆羽的救命恩人。

陆羽与智积禅师，名为师徒，情同父子。只是与中国大多数的亲子关系一样，这爷俩也是相爱相杀。

宋李昉等编《文苑英华》卷七九三《陆文学自传》中记载：

公执释典不屈，子执儒典不屈。

老和尚要讲佛法，小陆羽要读儒学。

一个更年期，一个青春期。

师徒二人，针尖对麦芒，算是杠上了。

最后的结局，以陆羽离家出走而告终。

那么，陆羽对于智积和尚是不是一肚子怨气呢？

恐怕不是。

陆羽晚年，在写《陆文学自传》时，仍称这位老师为"竟陵大师积公"。

崇敬之情，溢于言表。

要真是心存怨恨，那不是该叫"智积老和尚"或是"智积老秃驴"吗？

其实幼年时的寺庙生活以及智积禅师的教导，都给陆羽带来深刻的影响。

首先，陆羽与茶结缘，即是因寺庙生活。自魏晋南北朝以来，茶便与佛教紧密结合。茶既可提神醒脑，又不会迷乱心性，因此而融入寺院生活。

智积禅师，是陆羽茶学的启蒙老师。

其次，陆羽终其一生并未娶妻生子。原因何在？作为后学，我可不敢妄自揣测。

不娶妻，不生子。

虽是在家，岂不是犹如出家？

再者，陆羽在《茶经·四之器》中，收录一种茶器为"漉水囊"。

这件茶器，自陆羽之后再未见人使用。因此，显得颇为神秘。

其实"漉水囊"，是佛门用具，在《南海寄归内法传》《大正藏》等佛教律典中都有专门记述。僧人取水时，先用"漉水囊"过滤，以免误杀水中的生物。茶圣陆羽在寺庙生活中，肯定用过"漉水囊"。从而，再把佛门法器，融入了饮茶生活当中。

陆羽虽然最终从佛寺出走，但在他的生活中却似乎仍按照佛教徒的标准要求自己。

智积禅师在陆羽心中的地位可想而知。

从茶圣的身世，回到陆羽的茶诗。

若是将"金陵"换成"竟陵"，这首诗的千古谜团便可迎刃而解。

高官厚禄，陆羽不羡慕。

千羡万羡的只有那西江之水，因为它奔流而下，直奔竟陵而去。

竟陵，正是老师智积禅师所在的地方。

若没有老师救命，陆羽可能早就丧命荒郊。

若没有老师授业，陆羽可能一生碌碌无为。

只是远在千里之外，想再回到老师身边尽孝，谈何容易？

远方的游子，心有余而力不足。

这才会"千羡万羡西江水"，因为它总是可以回到老师身边。

一首茶诗，饱含着世间温情。

茶汤，应如茶诗。

不光有温度，也要有温情。

荷花纹鸿渐杯

萧员外寄新蜀茶

唐·白居易

蜀茶寄到但惊新，
渭水煎来始觉珍。
满瓯似乳堪持玩，
况是春深酒渴人。[1]

　　半年前，我曾经组织学生们抄写茶诗。历时一个月，愣是没抄完白居易一个人的作品。不是同学们懒惰，而是白居易的茶诗实在太多。

　　白居易到底写了多少首茶诗？

　　说真的，当我翻完《白居易诗集校注》时，这个数字自己都惊到了。白居易老先生，前后竟然写了64首茶诗。

　　要知道，他的职业是官员，定位是文人。不是做茶人，

---

1. 选自《白居易诗集校注》，北京：中华书局，2006 年 7 月第 1 版。

更也不是卖茶人。归根到底，白老先生与我们一样，是真心爱茶之人。

怪不得如今有这么多人，都酷爱白居易的茶诗。

时隔千年，情意相通。

白居易，可谓是当代习茶人的知己。

在白氏众多茶诗中，写作时间最早的就是这首《萧员外寄新蜀茶》。

读白居易的茶诗，不妨就从此开始。

读茶诗，还是要先读懂作者。

在特殊历史时期，白居易是一位有争议的历史人物。

他的前半生，是一位积极的政治家。作为关心国家命运和百姓疾苦的诗人，他获得了极高的评价。

他的后半生，是一位消极的文学家。作为无视政治走向和消极颓废的代表，他受到了严厉的批判。

在邻国日本，对于白居易的一生有着不同的看法。

日本学术界，也将他的一生分为两部分。

不是"积极"与"消极"。

而是"兼济"与"独善"。

他的前半生，忙于政治，疲于官场。

他的后半生，醉心文学，沉迷佛法。

这与现代人的生活，其实出奇相似。

年轻时，努力考学，打拼职场。

中年后，回归家庭，实现自我。

但不管是忙，还是闲，茶都相伴左右。

这是白居易的一生，又何尝不是我们的人生？

言归正传，回到茶诗。

这首《萧员外寄新蜀茶》，写于唐元和五年（810）。

这一年，白居易三十九岁。身为谏官，客居长安。

按照传统史学的看法，这时的白居易是一位优秀的政治家。

按照日本学界的看法，这时的白居易正在"兼济"的阶段。

作为谏官，这一时期的白居易创作了许多反映社会问题的诗歌。《上阳白发人》，是悲叹幽闭宫中多年，不得婚配的年老宫女命运；《新丰折臂翁》，是叙述逃避兵役骚扰，自断手腕的白发老翁故事；《卖炭翁》就更著名了，讲的是"心忧炭贱愿天寒"的底层百姓。

以上这些诗歌，都与《萧员外寄新蜀茶》是同时期作品。

这时的白居易像个时政记者，频频揭露大唐帝国的阴暗一面。

以笔当剑，自诩为战士，难免肝火旺盛。

幸好，这时的萧员外，寄来了新蜀茶。

这么高压的工作，若没有茶的陪伴怎么行？

有人说，喝茶是闲人的事。

要我看，越是忙碌的人，才越需要认真喝茶。

要是没有萧员外，白居易的健康可能真要出问题了。

萧员外，到底是谁？

按《白居易诗集校注》记载，萧员外姓名不详。具体是谁，已成千古之谜。

但可以肯定，萧员外是白居易的好朋友。

唐代可没有快递，寄送东西相当困难。

正所谓千里送鹅毛，礼轻情意重。

不是铁哥们，又怎么会千里寄茶呢？

《萧员外寄新蜀茶》，是现存的白居易茶诗中最早的一首。萧员外，便是最早影响白居易喝茶的人了。这一次萧员外寄来的是蜀茶。而白居易的一生中，最爱的也恰恰是蜀茶。

《新昌新居书事四十韵因寄元郎中张博士》一诗中，有"蛮榼来方泻，蒙茶到始煎"两句。其中的"蒙茶"，即四川的蒙山茶。《杨六尚书新授东川节度使代妻戏贺兄嫂二绝》一诗中，有"觅得黔娄为妹婿，可能空寄蜀茶来"两句。其中讲到白居易送礼，也是要用四川茶。《春尽日》一诗中，有"醉对数丛红芍药，渴尝一碗绿昌明"两句。其中的"绿昌明"，乃四川茶名。

白居易写蜀茶的诗句还有很多，就不一一举例了。

这位萧员外对白居易的影响，绝不可小视。

曾几何时，我们爱上喝茶，也大多是受身边人的影响吧？

如果是商家推销，难免心存防备。

可要是朋友推荐，自然平添好感。

可能朋友无意间的一次馈赠，就成了你爱上茶的完美契机。

据我所知，有些"多聊茶"的学员常把自己喜欢的茶拆成小包装，分赠给身边的朋友与同事。也确实因为这样，身边很多人都渐渐爱上了饮茶。

每一个人，都可以成为茶文化的传播者。

讲完了作者和题目，转回头来读正文。

首句"蜀茶寄到但惊新"，是白居易"拆开快递"时的第一感受。

这里的"新"字，可以有两种解释，一为"新奇"，二为"新鲜"。

若是解为"新奇"，那就是说白居易以前没怎么见过蜀茶。

这时的白居易三十九岁，中进士入官场整整十年。这么大的领导干部没见过蜀茶，有点说不过去。

更何况，题目里已经说了寄来的是"新蜀茶"。

因此，是萧员外寄来的蜀茶太鲜，惊艳到了白居易。

唐代的蜀茶，一律都是绿茶。想保证其新鲜而送到白居易手上，必须做到两点。

一要送得及时，制好后毫不耽搁，直寄长安。

二要送得快速，快递时马不停蹄，星夜兼程。

在唐代，这是相当奢侈的行为。

白居易，可能已不是第一次收到茶礼。但像萧员外寄来的这么新鲜的蜀茶，白居易却还真是第一次见，所以诗中要用一个"惊"字。

现如今，这是随便叫个快递就可以完成的事。

所以，当下市场上不重视"新茶"而更推崇"老茶"了。

得到太容易，就不知道珍惜了。

看到茶时的"惊新"，是一种本能反应。

四川到长安的距离，当时的运输能力，白居易都心知肚明。

因此，白居易即使不喝，也知道这款茶的与众不同。

就像有人送我一饼老班章纯料普洱茶。虽然我不爱喝生茶，但我也知道市场的行情，了解这款茶的价格。这时对于茶的定义是靠理性，而非发自内心。

第二句"渭水煎来始觉珍"，是白居易"开汤喝茶"后的深层感受。

开始只是觉得新奇，抱着试试看的心理煎茶。

特意找来好水，不可辜负萧员外一片苦心。

没想到茶汤入口，竟然如此的好喝。

从这一刻开始，才真正知道这款茶的珍贵之处。

从"但惊新"，到"始觉珍"。

不知不觉，白居易完成了一次蜕变。

不懂茶时，只觉得新奇。

读懂茶时，方知其珍贵。

茶的珍贵，与昂贵无关。

茶的珍贵，与茶汤有关。

毕竟，价高的茶多，好喝的茶少。

第三、四两句，可以连在一起解读。

"满瓯似乳堪持玩，况是春深酒渴人"，翻译过来就是：又好玩，又解酒，真是一杯好茶！

茶解"酒渴"，很好理解。

茶可"持玩"，不易想象。

至于"满瓯似乳"，就更与茶联系不到一起了。

有一次学生甚至问我：老师，白居易喝的是不是奶茶？

《茶经·五之煮》中，也记载了相似的茶汤：

饽者，以滓煮之，及沸，则重华累沫，皤皤然若积雪耳。《荈赋》所谓"焕如积雪，烨若春薮"，有之。

这"似乳""若雪"的茶汤，算是唐朝人眼中的极品。

其实茶汤上的白色物质，便是茶皂素。

茶皂素，又称茶皂苷，是一类结构比较复杂的糖苷类化合物。1931年，由日本学者青山次郎首次从茶籽中分离出来。茶皂素的特点，主要有三个：

其一，味苦而辛辣。

其二，难溶于冷水，而易溶于热水。

其三，水溶液振摇后，能产生大量持久、类似肥皂泡沫样东西。

茶皂素的名字，也因此而来。

茶皂素的水溶液，其实就是茶汤。唐代煎茶法和宋代点茶法，都会使茶汤振荡，从而产生持久的白色泡沫。

白居易眼中的"满瓯似乳"，其实就是茶皂素的作用。

如今的泡茶法，不会引起茶汤的激烈振荡。因此，茶皂素也就只是在茶汤表面形成一层细密的气泡而已。

有些人洗茶，其实就是洗去这层泡沫。茶艺表演中，有"刮沫"一项，祛除的也是这层泡沫。他们不知这是茶皂素，而将其认定为茶里析出的"脏东西"，要除之而后快。

可现代医学研究表明，茶皂素不但无害，反而大有裨益。茶皂素不仅可以抗菌、抗病毒、抑制酒精吸收，而且还可以通过抑制胰脂肪酶的活性，减少肠道对食物中脂肪的吸收，从而达到减肥的效果。除此之外，古人讲究以茶水洗发，利用的也是茶皂素的去屑、止痒功效。

白居易，自然没有现代化学知识。

白居易，却有一颗爱茶之心。

"满瓯似乳堪持玩"，是一种欣赏的眼光，更是一种享受的状态。

总抱着怀疑眼光，反复冲洗茶汤中小泡沫的人，终究不会体验到饮茶的乐趣。

知识、见识、常识，都是习茶人所必备之素养。

但更为重要的，还是一双发现"茶之美"的眼睛吧？

"满瓯似乳堪持玩"，你读懂了吗？

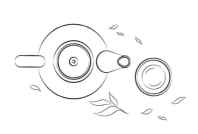

謝李六郎中寄新蜀茶

《白氏長慶集》卷十六

一隅草堂

故情周帀向交親　新茗分張及病身
紅紙一封書後信　綠芽十片火前春
湯添勺水煎魚眼　末下刀圭攪麴塵
不寄他人先寄我　應緣我是別茶人

《謝李六郎中寄新蜀茶》

唐·白居易

《全唐诗》，清康熙四十六年

扬州诗局刻本）

谢李六郎中寄新蜀茶

唐·白居易

故情周匝向交亲，新茗分张及病身。

红纸一封书后信，绿芽十片火前春。

汤添勺水煎鱼眼，末下刀圭搅曲尘。

不寄他人先寄我，应缘我是别茶人。[1]

有一年，我在首都图书馆做茶文化讲座。到场的听众基本都是北京市民，其中又以中老年朋友居多。

讲座开始前，我问大家："平时都喝什么茶？"

一个老大爷，特别爽快地回答："人家送我什么茶，我就喝什么茶！"

此话一出，全场竟然是掌声一片。

大家鼓掌，赞的是老爷子憨直。

1. 选自《白居易诗集校注》，北京：中华书局，2006 年 7 月第 1 版。

这的确是一句大实话！

大多数人家里，都堆着大大小小的茶叶礼盒。

顺着老爷子的话，我接着问："那么多送来的茶叶，您一般爱喝哪种呢？"

老大爷一脸认真地答："老师，这事我一向都听我老伴的指导。"

我以为她老伴懂茶，忙接话说："那想必您爱人是行家呀！"

老头儿一听就乐了："嗨，她哪懂啊。"

"不懂为什么听她的？"我追问。

"她负责告诉我，哪个快过期了，赶紧喝！"

全场哄堂大笑。

其实古代文人，和首都图书馆讲座上发言的大爷差不多。

喝茶大多不是自己买，也是靠亲友送。

在历代茶诗中，专有一种"答谢题材"。朋友给远路寄来了好茶，诗人收到后赶紧作诗一首，以示感谢。这样谢友送茶的诗，数量非常多。随手举例如下：

李白《答族侄僧中孚赠玉泉仙人掌茶》

白居易《萧员外寄新蜀茶》

卢仝《走笔谢孟谏议寄新茶》

柳宗元《巽上人以竹间自采新茶见赠酬之以诗》

薛能《谢刘相公寄天柱茶》

苏轼《马子约送茶作六言谢之》《和钱安道寄惠建茶》

黄庭坚《谢公择舅分赐茶三首》《谢王炳之惠茶》

……

数量众多，篇幅有限，就不一一盘点了。

茶好味佳，诗兴大发。

作诗一首，答谢好友。

写这种诗的心态，跟今天收到礼物后，晒图发朋友圈差不多。

一般题目里还要提及送茶人的名字，这就相当于发朋友圈时，还要@一下当事人。

虽然技术手段不同，但古今千年心情大体不差很多。

在这种"答谢类"茶诗中，白居易的《谢李六郎中寄新蜀茶》堪称经典。

老规矩，还是从题目开始。

题目中提到的"李六郎中"，名叫李宣。

《旧唐书·宪宗纪》记载：

元和十一年九月，屯田郎中李宣为忠州刺史。

忠州，就是今天的重庆市忠县。

由此可以推断，李宣是在忠州刺史任上，给白居易寄来了当地特产蜀茶。

根据《白居易诗集校注》记载，这首诗写于唐元和十二年（817）。对照前后时间，我们又有了新的发现。李宣是元和十一年下半年才调任西南忠州。可诗人于元和十二年，就已经收到了"新蜀茶"。

换句话说，李宣上任后不久，就给白居易寄了茶。

此时的白居易正在江州司马任上，整日郁郁不欢。接到好友千里之外寄来的蜀茶，心情自然是格外高兴。

了解作诗的背景，才更利于理解诗词的内容。

接下来，读正文。

头两句诗，是作者"拆快递"时的心情。

周匝，可以解释为周到、周全。

不仅寄来了礼物，还是白居易的心头好。

李六郎中的用心，对得起诗人"故情周匝向交亲"一句了。

"新茗"本就珍贵，还能想着"分张"给我，真是够交情。

三、四两句，是"快递拆开"后的心情。

白居易有福，收到的虽是礼品茶，但却绝非俗品。

首先，李宣寄来的茶产地就不一般。

北宋《蔡宽夫诗话》中记载：

唐以前茶，惟贵蜀中所产……唐茶品虽多，亦以蜀茶为重。[1]

今天，四川茶区虽也重要，但早已不可独领风骚。

然而在唐代，提起"蜀茶"二字，那几乎就是好茶的代名词了。

这在唐代众多茶诗中都有体现，有机会再细细拆讲。

不仅产地正，而且还是春茶。

晚唐诗僧齐己《咏茶十二韵》中，就有"甘传天下口，

---

1. 引自《苕溪渔隐丛话》，北京：人民文学出版社，1962 年 6 月第 1 版。

贵占火前名"一句。

这里的"火前",说的是寒食节之前。

寒食节与清明节相近,因此"火前春"就代指"明前茶"。诗中有"绿芽十片火前春"一句,是与题目"寄新蜀茶"遥相呼应。日本茶学家布目潮沨先生,于1989年撰写了一册梳理中国饮茶文化的专著,书名便为《绿芽十片》。

既是蜀地正产区,又是明前茶,李六郎中这个礼品茶真是丝毫不糊弄。

五、六两句,讲的是诗人品茶的感受。

白居易收到这样的好茶,自是也要认真对待。

"汤添勺水煎鱼眼"一句,看出诗人虽是拖着一副"病身",但连烧水环节也丝毫不马虎。

"刀圭"本不是茶器,而是取药之物。

但是为了取茶量恰当,却也借它来量取碾好的茶末了。

白居易在江州,李宣在忠州,远隔千山万水,此时却似乎在隔空对话。

唐代,可是没有快递业务的。

想必李宣拿到这款"新蜀茶",再将它托人送到江州,自是要费一番周折。

白居易知是好茶，也要认真品饮，才不辜负好朋友的一番苦心。

末尾两句，像是白居易煎茶时的喃喃自语：

李兄呀李兄，你又遇到好茶了。

为什么不寄给他人，而偏偏先寄给我呢？

不是我官位高，也不是我名声大。

而是因为，我与老李你一样，都是懂茶爱茶的"别茶人"。

所以这首《谢李六郎中寄新蜀茶》中的"别茶人"，看似是一位，其实是两位。

一位是收茶人，白老先生。

一位是送茶人，李六郎中。

以蜀茶为礼物，将老朋友间的默契感情，展现得淋漓尽致。

的确，茶叶是生活中老少咸宜的礼品。

送长辈、送平辈、送男士、送女士，都合适。

既不显得庸俗，也不显得张扬。

当年的老茶罐上，经常有"家居旅行必需，馈亲赠友适宜"的宣传语。

很明显，"家居旅行"与"馈亲赠友"用的是一样的茶。

换句话说，"家居旅行"感觉不错，不妨再买点"馈亲赠友"。

不能不说，这还是秉承着"白居易"与"李六郎中"的遗风呢！

不知从什么时候起，市场上竟然单独分出了一个类别——礼品茶。

当年有些茶店不接散客，就是专做"礼品茶"生意。

自二十世纪九十年代以来，茶叶礼盒渐成风气。

每到逢年过节，各大茶城总是忙得热火朝天。

忙什么？

自然是装礼盒喽。

仅以我所见所闻，茶叶礼盒的材质有纸盒、铁盒、皮质甚至玉石……

一个节假日下来，每个家庭都得"沉淀"下来几大盒子茶叶。望着奇奇怪怪的名字，外加花里胡哨的包装，谁也高兴不起来。

不喝吧？浪费！

一尝，味道真是不怎么样。

众所周知，礼盒茶多是徒有其表。几十元，几百元，甚至上千元的礼盒，应有尽有。请注意，我说的是礼盒的成本。但是说到茶，品质就没保障了。往往几十元和大几百元的礼盒，里面装的都是几十元一斤的茶叶。

庸医，换汤不换药。

奸商，换盒不换茶。

到头来，经常是包装比茶叶贵。

这种茶叶礼盒，遇到"别茶人"怎么办？

没关系！

毕竟，礼品茶的真谛是：

买的人，不喝。

喝的人，不买。

包装高档，才是重点。

茶叶好坏，没人追究。

现如今火爆的小罐茶，可谓是当年茶叶大礼盒的升级版本。

据说，主打的理念叫作"高端商务用茶"。

什么叫"高端商务用茶"？

言外之意，此茶专门用来"充门面"。

包装好看，广告到位。

送人，有面子。

待客，有档次。

这就足够了！

至于茶汤好坏、性价比如何，则都不在讨论范围之内。

作为一种商业模式，剑走偏锋，无可厚非。

作为一种茶礼文化，华而不实，绝不可取。

这样的"高端商务用茶"，完全违背了"不寄他人先寄我"的精神。

以茶会友的温情，荡然无存。

人际社交的市侩，展露无遗。

说了半天，那什么茶才适合送人呢？

答：自己爱喝的茶。

你自己吃着满意的餐厅，也愿意向朋友推荐。要是没吃过，即使在你家楼下，你也不敢轻易请人尝试。

为什么？

心里没底，怕遭埋怨。

白居易《谢李六郎中寄新蜀茶》中，有一句"新茗分张及病身"，实为馈赠茶礼的准则。所谓"分张"一词，是本句的重点。可解释为，李六郎中将自己认同的好茶，分出来一部分赠予白居易。

将你心爱的茶送人，这叫分享。

将你不爱的茶送人，这叫敷衍。

将自己没喝过的茶拿来送人，那只能叫"勇敢"了。

习茶，需要用心。

送茶，更要走心。

礼品很多，不止有茶。

茶叶礼盒，不送也罢。

《文会图》绢本

宋·赵佶

（现藏于中国台北）

食　后

唐·白居易

食罢一觉睡，起来两瓯茶。

举头看日影，已复西南斜。

乐人惜日促，忧人厌年赊。

无忧无乐者，长短任生涯。[1]

研习唐代茶诗，绕不过白居易。

毕竟，他一个人的茶诗数量，将近占了唐代茶诗总量的九分之一。在大唐朝写过茶诗的文人，足足有145位之多。白居易的茶诗，不仅量大，而且质优。

优在哪里？

文学史上评价白居易的诗歌，常说"文风浅白，老妪能解"。而放在白氏的茶诗上讨论，这八个字也对也不对。

---

1. 选自《白居易诗集校注》，北京：中华书局，2006年7月第1版。

　　说对，是因为这的确是白居易整体的诗风。

　　说不对，是因为这八个字还没有说到"白氏茶诗"的精彩之处。

　　白氏茶诗之妙，在于虽然时隔千年，仍与今日的爱茶人情意相通。

　　白居易的诗歌，人人能懂。

　　白居易的茶诗，却只有爱茶人，才能体会其中的妙处。

　　因为他的茶诗，其实讲的就是每一个习茶人的生活。

　　例如，这首《食后》。

　　所谓"食后"，翻译成现代汉语就是吃饱了之后。完全是普通人的生活场景。

　　题目简练而浅显，不需要过分拆解。

　　可这首茶诗写作的时间，却又十分微妙。

　　读诗，不可不知写于何时。

　　倒不只是为了考据，而是便于理解作者写作时的心境。

　　白居易这首《食后》，约写于唐元和十二年（817）至元和十三年（818）之间。

　　此时，作者被贬官至江州。

著名的《琵琶行》，与《食后》是同时期的作品。

江州时期，是白居易人生的一个转折点。

转折点上写的茶诗，就显得格外重要。

《萧员外寄新蜀茶》，是白居易关心茶事的开始。

《食后》，则是白居易醉心茶事的开始。

一切，都来源于这次人生的转折。

让我们先来看看，这次转折的前因后果。

白居易一生为官，应该说是几起几落。但终究，是不如意的。

唐会昌元年（841），七十七岁的东都留守李程，来到洛阳履道坊白府做客。

这一年，白居易已经七十岁了。

故友相逢，分外高兴。白居易随即写下《李留守相公见过池上泛舟举酒话及翰林旧事因成四韵以献之》一诗。其中后四句写道：

白首故情在，青云往事空。

同时六学士，五相一渔翁。

头两句好理解，活白了头发，活白了胡子，往事都已是过眼云烟，幸好友情还在。

后面说的"六学士"，指的就是杜元颖、王涯、裴垍、李绛、崔群和白居易自己。

这六个人，在唐元和二年（807）一起奉诏入京，被任命为翰林学士，即所谓的"六学士"。而除去白居易，另外五位都曾经当上过大唐帝国的宰相。晚年一句"五相一渔翁"，透露了白居易的终身遗憾。

别看《食后》中的白居易，悠闲中甚至透露懒散。

青年时的白居易，却也是奉行"爱拼才会赢"的准则。

唐贞元十六年（800），白居易二十九岁。他以总排名第四名的成绩，成功进士及第。

虽然没进前三，但是白居易还是特别高兴，并写下了"十七人中最少年"的诗句。

也就是说，这一次十七位进士中，他最年轻。

职场中，年轻就是一种资本。

唐贞元十八年（802），白居易三十一岁。这一年，他成功地通过了入职考试，成为正式的公务员，官职为秘书省校书郎。

唐元和元年（806），白居易在秘书省校书郎任满。随即又参加了一次职业资格考试，即"才识兼茂明于体用"科。结果自然又考上了，被授盩厔县（今西安周至县）尉。

　　县尉当了一年，白居易又被调入京城，成为翰林学士。也就是前文提到的"六学士"进京的故事。别看官不大，但走的却是唐代官场的正途。有了学历，又有了部委和基层的双重经验，白居易的前途不可限量。

　　但是往后的路，就有点不顺利了。

　　先是白居易的母亲陈氏去世，白居易遵制"丁忧"。说白了，也就是保留级别待遇回家守孝，暂时退出官场。

　　一直到了唐元和九年（814），白居易才重返职场，担任太子左赞善大夫一职。

　　这一年，白居易已经四十三岁了。

　　然而这个官还没当几个月，京城长安就出了大案。宰相武元衡在上朝途中，被刺身亡。

　　白居易写《卖炭翁》那股子劲儿又上来了。第一个站出来，写奏章上书皇帝，要求不惜一切代价抓住刺客，明正典刑，以正朝纲。

结果白居易刚发言，就被政敌抓住了把柄。政敌说白居易"越职言事"，也就是狗拿耗子多管闲事。决定把他贬出中央朝廷，到地方上去担任刺史。

其实白居易没有刻意树敌，但才华横溢，自然要遭人妒忌。这种事，古今一理。

在关键时刻，宰相王涯提出反对意见。

您可别以为，王涯是替白居易求情。

恰恰相反，王涯是觉得这样处置白居易，实在太便宜他了。

白居易的母亲，是因为观花坠井身亡。王涯检举，白居易在母亲死后竟然还写了《赏花》《新井》等诗。此举公然歌颂杀害母亲的两个"凶手"，即"花"和"井"，简直丧心病狂。

于是乎，白居易再度被贬，改任江州司马。

没错，就是《琵琶行》中"青衫湿"的那个江州司马。

讲清楚了前番遭遇，才能更好地理解这首茶诗名篇——《食后》。

看似悠闲品茶的白居易，却正遭遇着人生最大的一次低谷。

抑郁，是那时白居易的基本状态。

万幸，白居易没有患上抑郁症。

闹心的日子，是怎么度过的呢？

诗的头四句，就是药方。

"食罢一觉睡，起来两瓯茶"，是那时白居易的生活常态。

江州司马是闲职，根本没事可做。

于是乎，吃饱了就睡，睡醒了就喝茶。不知不觉日已西斜，一天就算是过去了。

这是很多人羡慕的生活，但其实没那么美好。

闲适的生活，过上个三五天，是一种惬意。

闲适的生活，过上个三五年，是一种挑战。

白居易到江州，说是做官，如同发配。

政敌们，就是想把他"闲死"在江州。

没朋友，没工作，没前途。

幸好，白居易还有茶。

这首诗名为"食后"，题目里没"茶"字。

但"食后"干什么呢?

答：用心喝茶。

对于爱茶人来讲，茶是神奇的饮品。

春风得意，认真泡壶茶，犒劳自己。

失魂落魄，认真泡杯茶，陪伴自己。

饮茶，就是白居易度过人生低谷的不二法门。

写完前四句，诗本可以结束，但白居易却又念叨了几句。

西晋文学家傅玄《杂诗》中曾写："志士惜日短，愁人知夜长。"话里话外，透着褒"志士"而贬"愁人"的意思。

白居易借了人家的话，却不同意傅玄的观点。

诗中"乐人惜日促，忧人厌年赊。无忧无乐者，长短任生涯"几句，态度十分中性。

香山居士对"志士"与"愁人"不做评价，只是推崇"无忧无虑"之人。

那谁是"无忧无虑"之人呢?

自然是诗中的爱茶人。

人生轨迹的改变，使我们爱上了茶。

爱上了茶，人生轨迹同样也会改变。

醉心茶事的白居易，人生观正在发生着巨大的变化。

白居易曾在《秋日与张宾客舒著作同游龙门醉中狂歌凡二百三十八字》中写道：

丈夫一生有二志，兼济独善难得并。

兼济与独善，是白居易生命中的追求。

这个概念，最早出现在《孟子·尽心上》。原话大家都熟悉，穷则独善其身，达则兼济天下。江州时的白居易，显然是"穷"而非"达"，需要"独善"而非"兼济"。

对待"独善"的态度，白居易却与孟子不尽相同。

孟子"独善"观点，是说在职场不得意时，要保持自己的人格和才能，静候时机。

白居易并不认同孟子的观点。

孟子的"独善"是为了更好地"兼济"。

白居易的"独善"，是与"兼济"同等重要。

独善，可以理解为生活。

兼济，可以理解为工作。

认真生活，不是为了更好地工作。

白居易的生活，就是为了体会点滴的美好。

唐元和十三年（818）七月，白居易在《江州司马厅记》中写道：

> 若有人蓄器贮用，急于兼济者居之，虽一日不乐；若有人养志忘名，安于独善者处之，虽终身无闷。官不官，系乎时也；适不适，在乎人也。

所谓"急于兼济者"，可以看作是在职场上用力过猛之人。

结果，每天都愁眉苦脸。

这样的人，在城市生活中，真是比比皆是。

所谓"安于独善者"，可以看作是在生活中悠然自得之人。

结果，每天都乐在其中。

这样的人，在爱茶人群中，才能经常遇到。

职场是否顺利，要靠时运决定。

日子是否开心，要靠心态决定。

左迁江州之后的白居易，在茶中寻找到了生活的真谛。

轻描淡写的一首茶诗《食后》，确立了他一生的人生观。

《卖炭翁》《新丰折臂翁》《上阳白发人》的作者，是拼搏于职场，用心于"兼济"的白居易。

　　至于六十四首茶诗的作者，是专注于生活，醉心于"独善"的白居易。

　　很多人说，爱茶人的生活都很"佛系"。

　　可要我说，干脆就叫"茶系"更为贴切。

　　什么是"茶系"的生活态度？

　　读一读白居易的这首《食后》便知。

晚起

爛熳朝眠後頻伸晚起時煖爐生火早寒鏡裏頭遲融

雪煎香茗調酥煮乳糜慵饞還自哂慵活亦誰知酒性

溫無毒琴聲澹不悲榮公三樂外仍弄小男兒

《晚起》

唐·白居易

（《全唐诗》，清康熙四十六年扬州诗局刻本）

晚　起

唐·白居易

烂熳朝眠后，频伸晚起时。

暖炉生火早，寒镜裹头迟。

融雪煎香茗，调苏煮乳糜。

慵馋还自哂，快活亦谁知。

酒性温无毒，琴声淡不悲。

荣公三乐外，仍弄小男儿。[1]

与古人相比，今天的爱茶人其实更幸福。

毕竟，大量名茶的出现都是非常晚近的事情。

像红茶与乌龙茶，大致都起源于明末清初。距今算起来，尚不足四百年的历史。至于六大茶类中的白茶，更是要到清中期以后才出现。

---

1. 选自《白居易诗集校注》，北京：中华书局，2006 年 7 月第 1 版。

唐、宋乃至明代的爱茶人，喝的大多是绿茶。

从品种上来讲，似乎有点单调。

幸好，茶汤是茶与水互动的作品。

古人在"茶"的丰富性上略逊一筹，但在"水"的问题上却未必输给今人。

诚然，当下物流配送更为高效，罐装技术也绝非古人可比，以至于国内外各种水，都可谓唾手可得。

但有一种水，我们恐怕极难找到了。

这就是雪水。

关于雪水的推崇，最早可以追溯到唐代张又新的《煎茶水记》。

这本书中记载两套"宜茶之水"的排行榜。

一套是"故刑部侍郎刘伯刍"所评，其中并无雪水。

另一套据说是茶圣陆羽所评，其中以"雪水第二十"。

雪水与茶事，第一次紧密结合在一起。

学界一直认为，张又新《煎茶水记》中关于陆羽评水的事情有诸多疑点。

关于是不是陆羽钦点"雪水"上榜，暂且不去讨论。

据《唐才子传》记载，张又新是唐元和九年（814）状元及第。

茶圣陆羽，则去世于公元804年。

换句话说，张又新是陆羽的晚辈，二人活动年代相差不算太远。

因此，不管是张又新假借陆羽之名，还是陆羽亲口所说，《煎茶水记》中的记载大体可以反映唐代中期的论调。

研究茶事，总不要忽略茶诗。

研究茶诗，就不能绕开白居易。

唐代诗人白居易的《晚起》，便是最早涉及"雪水烹茶"内容的茶诗。

研究雪水与茶事，不妨也从这首茶诗入手。

《晚起》这首诗，写于唐大和四年（830）。

可以讲，白居易《晚起》与张又新《煎茶水记》，是同时代作品。

综上所述，可以推论，饮茶人开始留意"雪水宜茶"问题的时间，大致始于唐代中期。

老规矩，先讲题目。

遍查《白居易诗集校注》，题目为"晚起"的诗共有三首。

其中一首，与今天要讲的这首作于同一年。另一首则是唐宝历二年（826）于苏州所写。

频作《晚起》诗，说明白居易在五十岁之后，开始注意放缓自己的节奏。

职场沉浮多年，何必还这么拼命？

偶尔晚起赖床，不失为一种乐趣。

当然，一旦放慢自己，自然就有时间细细体会生活中的乐趣了。

下面，我们来读诗。

茶诗的前四句，是气氛的营造。

诗人用"暖炉""生火""寒镜"等元素，为我们勾勒出一幅冬日景象。

对于古代爱茶人来讲，冬季显然最为无趣。

一方面，当时只有春季产茶，还无秋茶、冬片之说。很多人挨到冬天，春茶喝得差不多了，已近"断粮"境地。

即使手中还有存货，也因保存条件所限，大多不新鲜了。

因此，唐代茶诗多写于春夏两季，冬日里少有佳作。

话又说回来了，四季皆有自己的乐趣所在，就看你是否能够发现罢了。

茶诗的五、六两句，开始步入主题。

茶虽稍逊，但冬日里却可以"融雪煎香茗"。

这一番享受，却又是"春风啜茗时"不可替代的了。

不论是"煎香茗"还是"煮乳糜"，都要借助已生火的暖炉。

雪后冬日，房子中间的暖炉上，咕嘟嘟地煎煮着热饮。

这一杯香茗喝下去，估计真要暖到心里去了。

今天，流行一个字叫"治愈"。

"融雪煎香茗"，绝对可以治愈严冬中的白居易了。

茶诗的七、八两句，诗人开始自嘲。

冬天里晚起，还在家里自己摆弄起茶事。这在外人看来，简直就是不上进的表现。

白居易不等别人指责，赶紧"自哂慵馋"。

即使在今天，我们还经常听到有人感慨："年纪轻轻，怎么还喝上茶了？"

在有些人看来，茶事是老年人的专属。

再说得透彻些，他们潜意识里认为：喝茶，是闲人的专利。

曾几何时，"大忙人"是一个褒义词。

忙，似乎等同于成功。

越忙，证明事业做得越大，也越被人夸赞。

可把字拆开来看，忙即是心亡。

心都亡了，怪不得人忙久了不快乐。

可反过来，要是一下子闲下来，又觉得无所事事。

到底是忙点好呢？还是闲点好呢？

中国文化中，讲究对立与相生。

阴阳、正反、快慢都是相对而言。

没有了阴，又哪里有阳？

正面翻过来，就成了反面。

忙与闲，也是如此对立相生。

忙的疲惫，是以闲为对比。

闲的悠哉，是由忙来衬托。

过于忙，定不理想。

过于闲，也不现实。

忙中偷闲，才最有乐趣。

学会忙中偷闲，才是当代都市人最应具备的生活智慧。

认真饮茶，专心习茶，投入爱茶。

正是"偷得浮生半日闲"的最好办法。

因此，工作压力越大，生活节奏越快，才越应该认真对待茶事。

白居易参透茶中真谛，才有勇气自嘲为"慵馋"之辈。

正如诗中所说，半日偷闲时饮茶的乐趣，真是"快活亦谁知"了。

茶诗的最后两句，从字面上看似乎抛开了茶的主题。

若是不懂音乐的人，读起来多有些晦涩。

所谓"荣公三乐"，其实是一首古琴曲的名字，呼应的便是"琴声淡不悲"一句。

白居易很喜欢这首曲子，为此曾专门作《好听琴》《郡中夜听李三人弹》等诗。

荣公三乐，典出自《列子·天瑞》。故事讲的是孔子走到泰山时，见到荣启期"鹿裘带索，鼓琴而歌"。

孔子便问道："先生所以乐，何也?"

荣启期对答道："吾乐甚多。天生万物，唯人为贵，而吾得为人，是一乐也。男女之别，男尊女卑，故以男为贵，吾既得为男矣，是二乐也。人生有不见日月，不免襁褓者，吾既已行年九十矣，是三乐也。贫者士之常也，死者人之终也，处常得终，当何忧哉?"

孔子听了荣启期的话，只答了一句"善乎? 能自宽者也"。

这里的"善"，可以理解为理想的生活状态。

什么样的人，能获得理想的生活状态?

孔子给出了答案：是可以自我宽慰、自我治愈的人。

白居易喜爱"荣公三乐"，便是要在其中寻求一种"自宽"的力量。

饮茶是味觉，抚琴是听觉。

白居易将不同感官享受，有机地统一与融合。

不管是味觉，还是听觉，为的都是自我治愈。由此，给自己纷繁复杂的职场生活找到一丝慰藉。

茶中便有琴声。

琴中自带茶韵。

末尾两句，便是本首茶诗的核心。

末尾两句，也是本首茶诗的难点。

看似与茶无关，但阐述了爱茶的人心态。

看似与茶无关，但仍只有爱茶人才能读懂。

真正的饮茶人，看的不是你收藏了多少名贵茶器，也不是看你拥有多好的茶空间，而是要看你是否有一颗懂茶之心。

在日本茶道中，就曾有一位没有茶器的茶人。

当时京都的栗田口，有个"侘茶人"叫善法。不要说茶器，他连茶釜都没有，只有一个用来烫酒的小锅。他用这口锅烧水、做饭，外带着煮茶。

要是让外行人看来，这也太简陋了吧？

但茶学大家珠光，却认为他"善法之趣在于心静"，是真正的爱茶人。

因此，这位只有一口小锅的茶人善法，也被记录在日本茶学名著《山上宗二记·茶汤者传》之中。

以今天的大气质量来看，城市人是不太可能用雪水泡茶。

但上网一查，比雪水更珍贵的水，可谓不胜枚举。

北到五大连池，南到广西八马泉，西至西藏冰川，东到邻国日本富士山，各色水源应有尽有。

但将这些名贵的水加入购物车，是否就能拥有白居易《晚起》式的乐趣呢？

不一定。

我们缺的不光是雪水，还有"融雪煎香茗"的那份心境。

需要改善的，不只我们的空气。

需要改善的，还有我们的内心。

昨晚飲太多嵬峨連宵醉今朝餐又飽慢移時睡
睡足摩挲眼眼前無一事信脚繞池行偶然得幽致婆
娑綠陰樹斑駁青苔地此處置繩牀傍邊洗茶器白瓷
甌甚潔紅爐炭方熾沫下麴塵香花浮魚眼沸盛來有
佳色咽罷餘芳氣不見楊慕巢誰人知此味

睡後茶興憶楊同州

《睡后茶兴忆杨同州》

唐·白居易

《全唐诗》，清康熙四十六年

扬州诗局刻本

睡后茶兴忆杨同州

唐·白居易

昨晚饮太多，嵬峨连宵醉。
今朝餐又饱，烂熳移时睡。
睡足摩挲眼，眼前无一事。
信脚绕池行，偶然得幽致。
婆娑绿阴树，斑驳青苔地。
此处置绳床，傍边洗茶器。
白瓷瓯甚洁，红炉炭方炽。
沫下麴尘香，花浮鱼眼沸。
盛来有佳色，咽罢余芳气。
不见杨慕巢，谁人知此味？[1]

纵观人类的医疗史，曾出现过诸多疗法。如睡眠疗法、

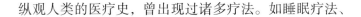

1. 选自《白居易诗集校注》，北京：中华书局，2006 年 7 月第 1 版。

放血疗法、饥饿疗法等。随着科学的昌明与进步，许多古老的疗法已经退出历史的舞台。但中国古人所创制并提倡的"以茶疗病"的理念，却因其科学性和实用性而得以流传至今。

其实饮茶养生的概念，早已是中国百姓的生活习惯。笔者自2015年起，在北京人民广播电台为市民朋友们普及茶文化知识。节目中常收到茶与健康的问题，例如：茶是药吗？茶是否可以治病？

讨论这些问题，我们不妨从茶的起源入手。

最早重视茶的人，并非雅士，而是医家。至今仍有些茶区，供奉"神农氏"为茶祖，这可视作"茶为药用"的残存痕迹了。

当然，神农尝百草只是传说。我们还是要从文献的角度入手，去了解茶学与医学的关联。最早收录茶的医书，是唐代苏敬等撰写的《新修本草》，即后世俗称的《唐本草》。其文字数不多，抄录如下：

茗，味甘、苦、微寒、无毒。主瘘疮，利小便，去痰、热、渴，令人少睡，春采之。苦茶，主下气，消宿食，作饮加茱萸、葱、姜等良。

此书的刊行，要早于陆羽的《茶经》。自此之后，历代医书几乎都将"茶"收入其中。《新修本草》，可算是开了茶入医书的先河。

不仅是医书，在唐诗当中我们也可以窥见茶与药的紧密联系。如白居易《即事》一诗，有"室香罗药气，笼暖焙茶烟"两句。《早服云母散》一诗，有"药销日晏三匙饭，酒渴春深一碗茶"两句。韩翃《寻胡处士不遇》一诗，有"微风吹药案，晴日照茶巾"两句。皇甫冉《寻戴处士》一诗，有"晒药竹斋暖，捣茶松院深"两句。

可以看出，"茶"与"药"经常同时出现在唐诗中。这两者可谓是唐代文人生活的标配。身处中国茶文化的兴起阶段，唐代人对于茶的界定仍保留药的属性。

茶与药同时出现的诗句还有很多，篇幅有限便不一一列举。

白居易《睡后茶兴忆杨同州》一诗，即可看作是用茶调节身体的典型案例，倒不妨仔细拆解一番。

作者白居易大家已很熟悉，我们便从题目讲起。

中国古人有将姓氏与职官一起称呼的习惯。这里提到的杨同州，自然也是尊称了。此人姓杨，名汝士，字慕巢，《旧唐书》有其传记。据《旧唐书·文宗纪》记载：

（大和八年七月）丙辰，以工部侍郎杨汝士为同州刺史。……（九年九月）辛亥，以太子宾客分司东都白居易为同州刺史代杨汝士，以汝士为驾部侍郎。

这首茶诗作于唐文宗大和九年（835），此时的杨汝士正在同州刺史任职上，因此才称其为"杨同州"。

说完题目，再来看正文。

作这首《睡后茶兴忆杨同州》时，白居易已是六十三岁的老人。步入暮年的白居易，生活方式倒是有点像如今的夜店青年。

开头两句便反省自己"昨晚饮太多"，摇摇晃晃地滥饮到天明。熬夜喝酒不算，早上又是暴饮暴食了一餐。吃过之后，原地不动，倒头便睡。诗人文字写得确实美，可这生活方式却是不值得推崇。

起来以后，估计自己也觉得难受。反正"眼前无一事"，于是开始绕着池塘散步消食。景色优美、天气和暖，不由得白老先生"偶然得幽致"了。随后诗人便开始"置绳床""洗茶器"，待等"炭方炽"后煎茶，最终饮下一碗既有"佳色"又有"芳气"的茶汤。

我们可以分析出，在《睡后茶兴忆杨同州》这首诗中，诗人饮茶的背景是"通宵酗酒"和"暴饮暴食"。既然已经"嵬峨连宵醉"了，醒来后自然是昏昏沉沉。据《新修本草》所载，茶具有"令人少睡"的功效。饮茶，自然有提神醒脑的功效。而茶"消宿食"的功效，又正好与"今朝餐又饱"对症。一盏茶汤下去，估计真是要"与醍醐甘露抗衡"了。

至此推断，白老先生诗中所谓的"偶然得幽致"，也可理解为一种文学处理。又是宿醉又是饱食，不想喝茶才怪呢。

饮茶尊重体感，古今仍是一理。

生活中，像白老先生这样的"宿醉""饱食"等亚健康状态，也真懒得去找大夫。有时候忍一忍也就过去了，只是要难受一阵子。此时此刻，茶正好可以调节身体的轻微不适。《孙子兵法·谋攻》中曾讲：

百战百胜，非善之善者也；不战而屈人之兵，善之善者也。

身体稍有不适，就用猛药压制。看起来是"百战百胜"，但其实是两败俱伤。而日常饮茶，可以将身体的很多病症扼杀在摇篮阶段。"不战而屈人之兵"，才是最理想的状态。茶的特性，符合中国文化中对待困难的态度。

色佳气芳的茶汤下肚，诗人自觉是一阵神清气爽。这样美妙的感觉，却一定要志趣相投的爱茶人才可以理解。现如今我们自己得到一份好茶，有时候也要呼朋引伴地一起品饮。饮茶的乐趣与幸福，会因分享而加倍。

白居易的很多诗文，都曾提及杨汝士。例如《新昌闲居招杨郎中兄弟》《新秋喜凉因寄兵部杨侍郎》《寄杨六》等。两人交情莫逆，可见一斑。

好朋友不在，饮茶的乐趣也少了许多。

不见杨慕巢，谁人知此味？可算是爱茶人的千古感叹了。

如同茶诗《睡后茶兴忆杨同州》中的白居易一样，中国古人既把茶当作愉悦身心的饮品，又将其视为护身健体的良药。但由于种种原因，却也缺乏系统的讨论与研究。真正首次从科学的角度提出"茶疗"概念，始于浙江中医药大学的林乾良教授。

林先生如今已是八十八岁高龄，是我国知名的中医学者。笔者与林教授交往颇多，还曾请老先生到北京人民广播电台的茶文化节目中做客，与首都的市民朋友讲述健康饮茶的话题。

林乾良教授曾根据500余种有关资料，将其中有关茶疗的内容，总结成了24项功效。为了便于记忆，笔者根据辙韵将其编为《茶效歌》，借此机会公之于众。全文如下：

少睡、安神、消食，明目、醒酒、坚齿。

祛痰、通便、消暑，下气、清热、解毒。

祛风、解表、治痢，止渴、生津、疗饥。

利水、增力、去肥腻，疗疮、治瘘、老少宜。

若真的把茶看作一味药材，茶汤自然也可看作是药汤。那么，在不加任何其他药材的条件下，茶则属于中医理论中所讲的"一味成方"，即一味药材就是一个药方。根据林乾良教授的研究，一味"茶"，即可有数十种功效，这是中西药物中所绝无仅有的。由此可见，要是真把茶当药看待，那还算是一味不折不扣的良药。

民间有句俗语，叫"是药三分毒"。

既然茶可入药，还有那么多的功效，那药力是不是太猛？又是否能长期享用呢？

　　不少人对于饮茶的慎重甚至质疑，根源皆在此处。

　　原来茶虽有药性，但在药中却又极其特殊。《茶经·五之煮》中讲：

　　　　啜苦咽甘，茶也。

　　一方面，我们可以从口感的角度去理解这句话。好茶喝下去，应有轻微的刺激性苦味，咽下去后又可回甘生津。

　　但另一方面，这句话也得到了医家的认可与推崇。如《新修本草》中，茶为"甘、苦、微寒、无毒"。而明代李时珍《本草纲目》中，茶为"苦、甘、微寒、无毒"。两书都沿用了陆羽《茶经》中"甘、苦"二字，只是顺序略有不同。

　　从中医学理论派生的药性理论中，主要有四气、五味、升降沉浮、归经、有毒无毒、配伍等项。其中五味，即辛、甘、酸、苦、咸。中医学理论认为：甘味多补，苦味多泻。从这个角度去分析《茶经》中所谈的"甘、苦"两字，又不光局限在口味的含义上了。

在上述茶的功效中，属攻者有清热、消暑、解毒、消食、去肥腻、利水、通便、祛痰、祛风、解表等。属补者如止渴生津、增力、疗饥、益寿延年等。

既甘且苦的茶，是中医眼中攻补兼备的良药。

再从四气（寒、热、温、凉）上分析，其性"微寒"即是"凉"。凉性的药物，多具有清热、解毒、泻火、凉血、消暑、疗疮等功效。这与医书上记载的茶叶传统功效，也基本符合。

从升降沉浮方面来讲，茶叶也兼备多面。像祛风解表、清头目等功效属于升浮。而下气、利水、通便等功效属于沉降。从归经（药物作用部位）的角度来说，茶则更为有趣。明代李中梓《雷公炮制药性解》中，称茶"入心、肝、脾、肺、肾五经"。

以一味之药而归经遍及五脏，可见茶的治疗范围十分广泛。再加之茶是"无毒"之物，所以才构成可以常饮、久饮的特性。

一个事物接触久了，很容易上瘾。长久以来，我们的文化里对于"瘾"心存戒备。造字时，给它按上一个"病字头"。时刻提醒后人，要警惕或是远离各种"瘾"。不管是"烟瘾""酒瘾"还是"网瘾"。就是在现代汉语里"瘾"也绝不是什么好词。

茶既可久喝，也可常喝，自然也可以上瘾了。

笔者曾以《全唐诗》为数据库进行统计，与茶相关的诗超过600首。而白居易一人写过的茶诗，则就有64首，占唐代茶诗数量的10%左右。由此可见，饮茶在白居易的生活中属于"高频率事件"。白居易，可谓嗜茶成瘾了。

从寿命角度分析，白居易享年74岁。在人生七十古来稀的古代社会中，白老先生可谓高寿了。饮茶是否能益寿延年，不能单靠这些数据推断。但从白居易的生活习惯来分析，频繁饮茶起码没有使其折寿。

茶以中正平和的性情，润物细无声的方式，调节着人们的身心。

爱茶之人，倒不如姑且放心大胆地畅饮佳茗。

直至茶瘾上身，终究不悔。

《惠山茶会图》
明·文徵明

题惠山泉二首（选其一）

唐 · 皮日休

丞相长思煮泉时，郡侯催发只忧迟。
吴关去国三千里，莫笑杨妃爱荔枝。[1]

  每次讲座，我总愿意留一些时间与听众交流。

  一方面，可以利用自己有限的知识，解答大家与茶相关的疑惑。另一方面，也可以触碰到大众对于茶学的兴趣点，便于自己后续的研究与写作。

  一举两得，何乐不为。

  经常会有人提问，在某某商家买了茶叶，回来一喝，结果完全和店里泡出来的不是一个味道。

  这样的情况，是不是茶叶被商家调包了呢？

  其实，情况也未必就这么糟糕。

---

1. 选自《全唐诗补编》，北京：中华书局，1992 年 10 月第 1 版。

那为什么一样的茶叶，泡出来的味道会完全不同呢？

除去手法以及茶器之外，泡茶用水也是极为关键的一个因素。

毕竟，茶汤是茶、水、器三者之间努力平衡后的作品。

买了一款好茶，选了一只好壶，一切看似那样完美。

然后您只要用北京的自来水一泡，悲惨的结果也就不言而喻了。

水质对于茶汤的作用，不容爱茶人忽视。

关于茶与水的讨论，唐代茶诗中就已经有所涉及。

其中尤以皮日休的《题惠山泉二首》流传广泛。

老规矩，咱们还是先讲作者。

皮日休，晚唐人，字袭美，一字逸少，曾隐居襄阳鹿门山，自号醉吟先生。

他与陆羽同乡，都是竟陵（今湖北天门）人。

别看是著名诗人，但皮日休的生卒年代却显得扑朔迷离。

一般认为，他大致生于公元834年，唐咸通八年（867）中进士，做过太常博士、著作郎、毗邻副使。唐乾符五年

（878）为黄巢起义军所掳，曾出任翰林学士。有人说他大致是去世于公元883年，也有人认为他后来不知所踪。

由于皮日休与黄巢农民起义有所关联，所以后来研究其生平和作品的学者不在少数。

可其实很少有人注意，皮日休是晚唐时期的茶学专家。

他与陆龟蒙唱和的数首茶诗，颇具史料价值。

二人从茶坞、茶人、茶笋、茶籝、茶舍、茶灶、茶焙、茶鼎、茶瓯、煮茶等多个题目入手，描绘出陆羽身后饮茶风气的发展，成为研究唐代茶史不可多得的文献资料。

讲完了作者，再来看题目。

《题惠山泉二首》，见于《全唐诗外编》。

惠山泉，位于今天无锡市惠山第一峰白石坞下的锡惠公园内。

相传陆羽将天下水品分为二十等，其中惠山泉位居"亚军"。

后来刘伯刍、张又新等唐代茶学家也曾重新评定水品，其他泉水排名有升有降，但惠山泉仍然位居第二名。这样一来，惠山泉声名鹊起，并被爱茶人尊为"天下第二泉"。

元代书法家赵孟頫曾专门为惠山泉题写了"天下第二泉"五个大字，至今仍完好地保留在泉亭后壁之上，成为今日访泉时必看的古迹。

这首诗中，就记录着一个痴迷于惠山泉的故事。

下面，我们来看正文。

这首《题惠山泉》，是七言绝句。一共四句诗，却用了两个典故。这既是本诗的趣味，又是阅读的难点。

前两句，讲的是对泉水的痴迷。

诗句中提到的丞相，指的便是唐代名臣李德裕。

李德裕的祖父李栖筠，与茶圣陆羽颇有些交往。

受家庭熏陶，他一直十分痴迷于茶事。

作为一位既爱茶又懂茶的人，李德裕不光追求好茶，对于泡茶用水也有着极为苛刻的要求。

与茶不同，喝水并不需要花费什么金钱。

但问题是，全天下的水他只爱惠山泉。

这里面就涉及了一个地理的问题。

李德裕身为宰相，多是生活在首都长安城（今西安市）。惠山泉，则位于常州（今无锡市）。

两者之间，何止千里之遥。

喝水不费钱，可运水的成本却十分昂贵。

为了能用上惠山泉水烹茶，李德裕也是下了血本。

唐代丁用晦《芝田录》中记载：

唐李卫公德裕，喜惠山泉，取以烹茗。自常州到京，置驿骑传送，号曰"水递"。

何谓"水递"？说白了就是送水的快递！

可帮助李德裕送水的可不是快递小哥，而是朝廷传信的驿卒。

丞相一想到"煮泉"，郡侯不由得"忧迟"。

动用国家机器，满足口舌之欲，李德裕因此被后人诟病。

后两句，讲的是对荔枝的痴迷。

这个故事的主角，自然就是著名的杨贵妃了。

杨贵妃吃荔枝的事之所以能够千古流传，有赖于唐代诗人杜牧的《过华清宫绝句三首》。

这组诗的第一首中写道：

长安回望绣成堆，山顶千门次第开。

一骑红尘妃子笑，无人知是荔枝来。

杨玉环为何笑了呢？原来是她的快递到了。

一拆快递就高兴，由此可见贵妃与今日少女的心态也算相近。

时至今日，快递水果都不是一件容易的事。有一年西南财经大学的徐老师，送我大凉山的车厘子数斤。虽然是冷链运送，结果到了北京还是坏了一大半。

在一千两百年前的唐朝，身在关中的贵妃想吃岭南的荔枝谈何容易。更何况，贵妃娘娘对于荔枝的质量要求颇高。

《新唐书》记载：

妃嗜荔支，必欲生致之，乃置骑传送，走数千里，味未变已至京师。

也就是说，杨贵妃只吃新鲜荔枝，至于荔枝干、荔枝脯一律不行。

为了给荔枝保鲜，唐代人可谓是绞尽脑汁。蜡藏法、包裹法、竹筒法，都不算新鲜了。最厉害的做法，是直接挖出整棵荔枝树，装入木桶护封，随后快递进京。

姑且不说把荔枝树运往京城，途中有多少艰难困苦。单就这种竭泽而渔的手段，对于产区的农民的伤害就不可估量。因为荔枝树种下去，起码要十余年才可以成熟挂果。一旦把树挖走，等于是断了果农后面的活路。但官员只管自己进贡荔枝讨好权贵，随后升迁调离万事大吉。至于百姓的死活，他们则是全然不顾了。

当然，进贡荔枝的事并不是开始于杨贵妃。

汉代刘歆《西京杂记》中记载：

尉佗献高祖鲛鱼、荔枝，高祖报以蒲桃锦四匹。

这里的"高祖"，指的就是刘邦。

也就是说，从西汉年间岭南的荔枝就开始进贡中原了。

而即使杨贵妃死后，荔枝的进贡也没有停止。

但由于"红颜祸水"的思维作祟，杨贵妃吃荔枝却被认为是亡国之兆。

结合这样的历史背景看来，皮日休在本诗中"莫笑杨妃爱荔枝"一句，就显得格外犀利了。

大家都责怪杨贵妃动用国家之力运送荔枝，殊不知宰相李德裕更为过分，竟然千里运水只为泡茶。

当然，看不惯李德裕千里输送惠山泉的人，还不止皮日休一位。

唐代丁用晦《芝田录》里，记载了一件奇闻轶事。

有一天宰相府来了一个老和尚。看着其貌不扬，但一开口说话就把李德裕镇住了。

老和尚说，自己受异人传授法术，能够搬山倒海。宰相为了喝茶，天天用"水递"这样的笨办法，实在是让世人耻笑。

为了解决李宰相"吃水难"的问题，老和尚已经运用法术，打通了长安城和常州的水脉。从此，李德裕就可在长安城直接喝到惠山泉了。

李德裕不信，老和尚便将他引到了昊天观，指着院中一口井，称"水眼"即在于此。李德裕命人取来一瓶刚送来的惠山泉，再从昊天观井中打上一瓶井水。随后，将这两瓶水与其余八瓶普通井水摆成一排，让老和尚品鉴。

老和尚喝过之后，果然将惠山泉和昊天观两瓶水选出。李德裕大为惊奇，从此废除了"水递"，改用昊天观之水。随后再找献水的和尚，早已踪迹不见。

显然，老和尚是用委婉的方式劝诫度化李德裕。

在这里，我也绝对无意为李德裕翻案。

动用国力为自己运水，自是大错特错。

但李德裕对待泡茶用水的认真态度，却又不失为一位懂茶之人。

只是他对于茶学的修为尚浅，连世交陆羽的著作都未能读懂。

《茶经·五之煮》中，着重讲了用水之道。

其中"山水上，江水中，井水下"的论述，至今常被人引用。

从这个角度讲，李德裕追求"山水"出身的惠山泉，倒是暗合陆羽之意。

但后面陆羽又有"其江水取去人远者，井取汲多者"的观点，却常常被人忽略。

前半句，讲的是取江水要远离人类活动干扰，也就是避免污染之意。

后半句，则是强调取井水时要选人气较旺的水井。

有乡村生活经验的人都知道，长期没人淘取的井水会滋生细菌微生物，误饮了很容易生病。

换句话说，水质的新鲜至关重要。

李德裕千里运水，即使星夜兼程也要十余日的时间。再好的泉水，到了京城也势必不新鲜了。道路上稍有耽搁，甚至还有变质的风险。从这个角度讲，李德裕也未能得到真正的好水，算是"千里打水"一场空。

看起来，李德裕也还是没有参透陆羽《茶经》的玄妙之处。

现如今的爱茶人，要比当年的宰相幸福万倍了。随着物流的发展，天南海北的水唾手可得。甭说惠山泉了，阿尔卑斯山的雪水都能随时享用。

到大型商场转一圈，就能轻松看到十余种不同品牌的矿泉水。有的售价两三元一瓶，可也有的要价十余元甚至几十元一瓶。那些售价昂贵的瓶装水，大多出身高贵。法国、德国、比利时……原产地一个比一个洋气。

要是真选用这类高档水泡茶，那花费还真不见得比李德裕小呢。

但这些高档水与李德裕的惠山泉一样，最大的问题就是不够新鲜。

从世界各地罐装的高档水，要经过漫长的物流运输才能够到达国内商场。然而高昂的价格毕竟不是一般人可以消费，所以很多高档水都处于滞销状态，在货架上一放就是一年半载。

这样一来，超市货架上的高档水普遍都不够新鲜。

比起纠结产地、硬度、矿物质含量等问题，倒不如买水时仔细看一下生产日期更为实际。

泡茶这件事，本来是繁简皆宜。

有条件，可以讲究。

没条件，学会将就。

但一切，都应该基于对于茶学的充分积累之上。

爱茶而不懂茶，讲究变成一种做作。

懂茶而又爱茶，将就也是一种艺术。

故人寄茶

劍外九華英緘題下玉京開時微月上碾處亂泉聲半
夜邀僧至孤吟對竹烹碧流霞腳碎香泛乳花輕六腑
睡神去數朝詩思清其餘不敢費留伴讀書行

《故人寄茶》

唐·李德裕

（《全唐诗》，清康熙四十六年
扬州诗局刻本）

故人寄茶

唐·李德裕

剑外九华英，缄题下玉京。
开时微月上，碾处乱泉声。
半夜邀僧至，孤吟对竹烹。
碧流霞脚碎，香泛乳花轻。
六腑睡神去，数朝诗思清。
其余不敢费，留伴读书行。[1]

很多人认为，喝茶是有闲有钱阶层的消遣。

事实，绝非如此。

也有人认为，工作这么忙，哪里有时间喝茶。

事实，恰恰相反。

忙字，拆开了是心亡两字。古人造字时已经告诉我们，

---

1. 选自《李德裕文集校笺》，北京：中华书局，2018 年 3 月第 1 版。

忙着忙着心就亡了。心都亡了，人的状态肯定很差。有时候太忙了，就容易混混沌沌，丢三落四。对嘛！忘，也是心亡之意。

由此可见，"忘"是"忙"的并发症，算不上什么好事情。

越是忙碌的生活，越需要减速。

越是忙碌的人群，越需要休息。

茶诗，字里行间总透着一股闲情，可却不都是闲人所写。

这首《故人寄茶》，就出自一位大忙人之手。

老规矩，先讲作者。

李德裕，字文饶，河北赵郡人。

为何说他是大忙人呢？

因为这位老先生，可是大唐朝的宰相。

在碌碌无为的晚唐宰相中，李德裕显然是个另类。

他绝非尸位素餐之辈，而是一位颇有成就的政治家。

历朝历代，对于李德裕的评价都非常高。

唐代李商隐，说他是"万古之良相，一代之高士"。宋代叶梦得，赞他是"唐中世第一等人物"。近代梁启超，更是将李德裕与管仲、商鞅、诸葛亮、王安石、张居正并列，合称为"中国六大政治家"。

宰相日理万机，不可谓之不忙。

但是李德裕忙的不光是宰相的政务，还要应付云谲波诡的党争。这场党争，不仅牵扯了李德裕大部分精力，也最终将他彻底在政坛击垮。

这便是历史上著名的牛李党争。

所谓"牛党"，是以牛僧孺、李宗闵为党魁的四十余名高官。

所谓"李党"，是以李德裕为党魁的二十余名高官。

什么是党争呢？

就是毫无原则的派系斗争。

今天牛党人物上台执政，李党人物就要全部被贬官、罢官和流放。

明天李党人物上台执政，牛党成员就要全部被贬官、罢官和流放。

被贬的官员，到底犯了什么错呢？

答：没犯错。

那为何要被贬呢？

答：因为你跟我不是一党。

这场长达四十年的"牛李党争"，源于唐宪宗元和二年（808）的科场案，激化于唐穆宗长庆元年（821）的科场案。随后胶着于唐敬宗、唐文宗、唐武宗三朝，最后结束于唐宣宗时。前后历经近半个世纪才宣告结束。

李德裕的宰相生活，不光忙碌，而且闹心。

还好，李德裕热爱茶事。

也对！

这样的生活，没有一杯茶估计真是撑不下去了。

简要地说完了作者生平，再来看这首茶诗的题目。

理解这首茶诗的题目，要从时代背景出发。

中国茶文化，大致有五次发展的高峰。

第一次是唐代，出现了陆羽的《茶经》。

第二次是宋代，又有了徽宗的《大观茶论》。

第三次是明代，代表作有许次纾的《茶疏》等众多茶书。

第四次是清代，以陆廷灿的《续茶经》为集大成之作。

第五次，就是当下。

五段茶文化的峰期，以时下最为繁盛。

我总说，今天的爱茶人可谓是恰逢其时。天南海北的好茶，可谓是唾手可得。丰富的信息，发达的物流，满足着爱茶人的味蕾。

在唐代，可就没有这么幸福了。

想喝好茶，靠的不是银子。

想喝好茶，凭的都是人缘。

即使是宰相，喝到好茶也不容易。

当然，身处高位的李德裕，总不缺人孝敬。

但题目里，说明是"故人"而非"生人"。

也就是说，寄茶是"分享"而非"贿赂"。

这一碗茶，喝的是"闲情"而非"俗事"。

李德裕，自是会认真对待。

下面，我们来读正文。

前两句，讲的是来历。

所谓"九华英"，指的应是九华茶。

这种茶产于安徽青阳西南的山中。

此山原名九子山，唐代诗人李白改称其为九华山，现为中国佛教四大名山之一。

此时的李德裕，正在长安为相。

所以安徽的"九华英"制成后，还要缄题封印送往京城。

一款好茶，虽不便宜，却与真金白银不能相比。

要真是行贿，大唐朝的宰相又岂是一份茶叶就能打发的呢？

必是故人知己，才能以茶为礼。

这件事，古今一理。

反过来说，一位宰相收到一份茶叶，犯得上特意写一首诗吗？

换别人，可能不会。

李德裕不同，他是个彻底的爱茶人。

李家与茶，渊源深远。李德裕的祖父李栖筠，曾任常州刺史，与茶圣陆羽颇有交集。《义兴县重修茶舍记》中记载：

御使大夫李栖筠实典是邦，山俗有献佳茗者，会客尝之，野人陆羽以为茶香甘辣，冠于他境，可以荐于上。栖筠从之，始进万两，此其滥觞也。

唐代历史上，贡茶就是始于李栖筠与陆羽的这场对话。

祖父与茶圣是故交，李德裕的茶学也算是家传了。

友人寄来九华茶，也暗合了白居易"不寄他人先寄我，应缘我是别茶人"的说法了。

三、四两句，讲的是准备。

茶拿到手中，却不能马上喝。前期的准备工作，总是少不了。《茶经·六之饮》中写道：

茶有九难：一曰造，二曰别，三曰器，四曰火，五曰水，六曰炙，七曰末，八曰煮，九曰饮。

难，是个多音字。

读二声，组词为困难。

读四声，组词为磨难。

结合《茶经》上下文，或可解为磨难之意。

唐僧取经，九九八十一难。

一杯好茶，也要历经九难方成正果。

这其中，"六曰炙，七曰末"便对应着这首《故人寄茶》的三、四两句了。

　　唐代是蒸青茶饼，喝之前要用茶碾破型，这便有了"碾处乱泉声"的诗句。

　　除此之外，这两句有个细节，值得格外关注。

　　既是"微月上"，说明诗人喝茶时已是入夜。

　　为何不白天喝茶？

　　估计是忙于公务。

　　为何要晚上喝茶？

　　自然要缓解疲劳。

　　很多人看我晚上喝茶，都询问会不会睡不着觉。于我来讲，忙过一天回到家，认真泡一杯茶便是一种休息。不喝这杯茶，整个人都没法放松，反倒是容易睡不好。

　　这句"开时微月上"，不是爱茶人写不出来。

　　五、六、七、八四句，写的是喝茶。

　　俗话说：酒逢知己千杯少，话不投机半句多。

　　这上面，茶与酒同为一理。

　　饮茶人数，可多可少，但需投缘。

　　李德裕得到九华英，特意邀请高僧一同品尝。

　　请注意，以李德裕的地位，可谓是手眼通天。

但他有了好茶，并不是请来王公贵胄，也不是叫来同僚部署，而是"半夜邀僧至"。

也就是说，李德裕希望喝茶时聊文学、聊艺术、聊禅机，就是别再聊工作了。

现如今很多茶桌，成了商务洽谈之所。

聊着合作，谈着点子，再好的茶也喝不出所以然了。

我们能聊工作的机会很多，可否放过饮茶这段时间？

对于现代都市人来说：

真正的奢侈品，不是正岩的肉桂，年份的普洱。

真正的奢侈品，实为片刻的清闲，短暂的放空。

九、十两句，写的是感受。

五脏六腑，是一种统称。

五脏，指的是肝、心、脾、肺、肾。

六腑，指的是胃、大肠、小肠、三焦、膀胱、胆。

其中六腑，主管消化吸收与排泄糟粕。

昏沉的浊气，自然也该由六腑排出体外。

这才有了"六腑睡神去"一句。

一杯茶下肚，涤昏祛睡顿觉清爽。

被繁冗公事压制的灵感，一下子都涌现了出来。

便又有了"数朝诗思清"一句。

李德裕虽从政，但更爱文。

《全唐诗》卷四百七十五中写道：

德裕少力学，善为文。虽在大位，手不去书。

宰相的角色，压制了文人的身份。

茶事，让李德裕暂时忘却了俗事。

这一刻，丞相李德裕消失了。

这一刻，文人李德裕出现了。

放下工作，回归自我，这才是茶的千年魅力。

最后两句，表明的是珍惜。

剩下的茶，不敢有丝毫的浪费。

小心翼翼地收起来，以备下次再饮。

堂堂宰相，对一份茶何必如此珍惜？

其实，李德裕珍惜的不光是茶，更是饮茶的时光。

不论贫贱富贵，生活中都会有烦恼。

一味地纠结过去与未来，当然无法安心过好当下的日子。

过去的已经过去，不必纠结。

未来的还未到来，不必忧虑。

话虽如此，但人总不能免俗，还是会去不自觉地思虑。

这时候，茶便有了作用。

先从准备到烹煮，再从品饮到回味……

茶事，让我们专注于当下这一刻。

人会变得无所挂碍，自由自在。

就连大唐朝的宰相，也一瞬间找回了赤子之心。

这样的状态，又怎能让李德裕不去珍惜呢？

我们这些人，都是这样爱茶。

可能也是因为，我们爱喝茶时的自己吧？

走筆謝孟諫議寄新茶

唐　盧仝

日高丈五睡正濃軍將打門驚周公口云諫議送
書信白絹斜封三道印開緘宛見諫議面手閱月
團三百片
聞道新年入山裏蟄蟲驚動春風起天子須嘗陽
羨茶百草不敢先開花仁風暗結珠琲瓃先春抽
出黃金芽摘鮮焙芳旋封裹至精至好且不奢至
尊之餘合王公何事便到山人家

《多聊茶》

柴門反關無俗客紗帽籠頭自煎喫碧雲引風吹
不斷白花浮光凝椀面一椀喉吻潤兩椀破孤悶
三椀搜枯腸唯有文字五千卷四椀發輕汗平生
不平事盡向毛孔散五椀肌骨清六椀通仙靈七
椀喫不得也唯覺兩腋習習清風生
蓬萊山在何處玉川子乘此清風欲歸去山上群
仙司下土地位清高隔風雨安得知百萬億蒼生
命墮在巔崖受辛苦便爲諫議問蒼生到頭還得
蘇息否

《走笔谢孟谏议新茶》

唐·卢仝

（多聊茶手工雕版印刷作品）

走笔谢孟谏议寄新茶

唐·卢仝

日高丈五睡正浓，军将打门惊周公。

口云谏议送书信，白绢斜封三道印。

开缄宛见谏议面，手阅月团三百片。

闻道新年入山里，蛰虫惊动春风起。

天子须尝阳羡茶，百草不敢先开花。

仁风暗结珠琲瓃，先春抽出黄金芽。

摘鲜焙芳旋封裹，至精至好且不奢。

至尊之馀合王公，何事便到山人家。

柴门反关无俗客，纱帽笼头自煎吃。

碧云引风吹不断，白花浮光凝碗面。

一碗喉吻润，两碗破孤闷。

三碗搜枯肠，唯有文字五千卷。

四碗发轻汗，平生不平事，尽向毛孔散。

五碗肌骨清，六碗通仙灵。

七碗吃不得也，唯觉两腋习习清风生。

蓬莱山，在何处？

玉川子，乘此清风欲归去。

山上群仙司下土，地位清高隔风雨。

安得知百万亿苍生命，堕在巅崖受辛苦。

便为谏议问苍生，到头还得苏息否？[1]

能与陆羽齐名的茶人，古今中外只有一位。

那就是卢仝。

旧时的茶叶宣传语上，二位便是齐名并举的黄金组合。

例如我收藏的民国时鸿记栈茶庄的铁皮茶罐上，就这样写道：

是以杜育有荈赋之作，陆羽有茶经之传。一缄飞来，惊起玉川之睡。

前面的杜育，是南北朝时的文人。他曾写就中国最早的茶诗，算是陆、卢二位的前辈。陆羽后面提到的"玉川"，

---

1. 选自《全唐诗》卷三百八十八，北京：中华书局，1960 年 4 月第 1 版。

指的就是卢仝了。在爱茶人心中，卢仝排在了中国茶人榜的前三位。

再如我收藏的民国时庆林春茶庄的铁皮茶罐上，则写道：

陆于恭经，曾畅卢仝七椀君谟遗录。

陆羽与卢仝，又是一起出场。

民国时上海汪裕泰茶号出品的祁门红茶，干脆就注册成"卢仝牌"商标。

卢老先生当年在茶界的人气，可想而知了。

陆羽流芳千古，凭借着一本书。

卢仝立足茶界，全靠着一首诗。

这首诗，便是《走笔谢孟谏议寄新茶》。

老规矩，还是从作者生平讲起。

对于卢仝这首诗，很多爱茶人都算熟悉。

对于卢仝这个人，很多爱茶人却很陌生。

其实，这未尝不是好事。

如今有的明星，个人生活频频曝光媒体。从身高到籍贯，从星座到爱好，最后再到个人生活，无一不成为炒作的话题。回头再一问，竟然没人记得他到底拍过什么作品。

人红戏不红，不是好演员。

诗红人不红，倒是好诗人。

卢仝生于公元775年，比陆羽小42岁。他是范阳（今河北涿州市）人氏，自号玉川子。苏东坡曾有"明月来投玉川子"的诗句，里面提到的就是卢仝。

他少年时隐居少室山，家境贫寒，刻苦攻读。立有济世救民之志，却终生未入仕途。别看是一介布衣，却以文采扬名天下。

本诗的题目，更像是一条朋友圈。孟是姓氏，谏议是官职，"孟谏议"是诗人对好友的尊称。好朋友，给我寄来了好茶。太感谢了，赶紧拍个照片发朋友圈。当然，那年代没照相术，也没有朋友圈。于是，便提笔写首诗吧。这便有了这篇《走笔谢孟谏议寄新茶》。

多说一句，唐代的物流条件下，新茶显得尤为珍贵。因此诗人连茶名都没说，反而强调了新茶两个字。现如今，快递物流四通八达，情况也就有了变化。新茶不新鲜，老茶才珍贵。当然，这又是卢仝想不到的沧桑巨变了。

好了，让我们把视线转回到正文。

全文262个字，在茶诗里面算是长篇了。

为了方便解读，将正文拆分为四个部分。

第一部分，为前六句，交代的是故事的起因。

诗人正在午睡，有人敲门惊醒了美梦。开门一问，原来是送茶之人。看在好茶的份上，惊走周公也可以原谅吧。

但请注意，送茶的不是快递小哥，而是官府的军将。光看送茶的人，便知这茶来历不俗。果然，此乃孟谏议大人送来的好茶。"开缄宛见谏议面"一句，类似我们写信时常写的"见字如面"。整篇茶诗，便由孟谏议所赠的三百片团饼茶展开。

第二部分，是随后的十句，描写的是茶叶的采制。

现如今每到春季，爱茶人总要请回二两新茶尝尝鲜。若是茶区有好友，能比别人早几天得到新茶，那又是另一层的享受了。

这就像一款新车上市，也有很多人愿意多付些钱给4S店而抢先拿车。这笔钱，叫作"提车费"。当把市面上还没有的新车开上街时，那感觉才叫拉风。

幸福感，其实往往要靠对比产生。

古人，也是如此。

当天子要喝阳羡茶时，百草都不敢先开花了。"闻道新年入山里"四句，凸显了茶的珍贵。但茶叶与苹果、香蕉、西瓜都不同，它还需要进一步深加工。所以判断一款茶的好坏，不光要关注原料，还要考量工艺。

珠琲瓅与黄金芽，都描述了茶的美好。但请注意，这时候说的还是茶青。只有再经过"摘鲜焙芳旋封裹"，一款好茶才算完成。

在这里，卢仝还给好茶下了定义——至精至好且不奢。

至精，说的是工艺。

至好，说的是本质。

且不奢，说的是分寸。

制茶之人，不妨就以此为法度。

"仁风暗结珠琲瓅"四句，彰显了茶的精致。

前面四句讲珍贵，后面四句讲精致，其实都是在衬托孟谏议与诗人的友谊。将这么好的茶专程送来，是一份多么用心的情意。诗人不由得自谦：王公贵胄才能享受的好茶，怎么就到了我这山野村夫的家中呢？

第三部分，是后面的十五句。

认真品饮，是对待好茶的基本态度。毕竟，从采摘到制作再到运输，能到自己手上颇费周折。其实现如今，又何尝不是如此呢？

"纱帽笼头自煎吃"的说法，对于后世茶诗影响很深。

南宋葛长庚《茶歌》中，就有"文正范公对茶笑，纱帽笼头煎石铫"两句。

明代文徵明《煎茶》中，也有"山人纱帽笼头处，禅榻风花绕鬓飞"两句。

后文的"碧云"指汤色，"白花"指沫饽。

在爱茶人眼里，饮茶不光是味觉的体验，更是嗅觉、视觉、听觉乃至触觉的综合享受。

茶已烹好，便等着喝了。

至此，全诗进入最精彩的桥段。

其实对于爱茶人来讲，最难描述的便是喝茶时的幸福感。

以至于很多人问我：杨老师，喝茶到底哪里有趣？

我竟然不知道怎么回答，只能说：你喝就是了。

对于茶诗来讲，最难写的也是饮茶时的感受。

卢仝为此打破了句式的工整，以表现饮茶时心情的变化。

与其说他的诗文深入浅出，不如讲是险入平出。

七碗相连，一气呵成，气韵流畅，愈进愈美。

第一碗，润的是喉吻。

第二碗，破的是孤闷。

在一个无聊而口渴的午后，一杯好茶的疗愈感不言而喻。

继续喝下去，茶不光能调节身体的不适，更能安抚心理上的波澜。

以至于三四碗下肚，平生不平之事，已尽向毛孔散去。

随着五六碗再喝下去，心情开始变得愈加通透。

到了第七碗，竟然飘飘然到了"吃不得也"的程度。

这样的写法，是对于孟谏议这位茶友知音的最高赞誉。

古今诗人，卢仝夸茶的造诣无人能及。

卢仝是第一位将饮茶的感受如此细腻描述的诗人。

这里面既有身体上的感受，也有心理上的感受。

我们至今常说，一杯好茶可以带来身心的愉悦。

身的愉悦，由物质所决定。

氨基酸的鲜爽，咖啡碱的刺激，糖类物质的甜蜜。

心的愉悦，由文化所决定。

人们从不会因为喝了一杯可乐或雪碧，而有了"平生不平事，尽向毛孔散"的感觉。

也不会因为喝了一杯椰汁或橙汁，就有了"两腋习习清风生"的感觉。

茶，却可以做得到。

这便是茶的神奇，也是茶的魅力。

卢仝这几句诗，写得实在太精彩了。以至于，很多人并不知道这首《走笔谢孟谏议寄新茶》，却知道这几句诗文。有的书籍，甚至直接节选这几句诗，改称为卢仝《七碗歌》。

中国文学史上，有两场精彩的连饮：

一次是武松喝酒，三碗不过岗。

一次是卢仝饮茶，七碗通仙灵。

其实卢仝最后"两腋习习清风生"一句，也是为最后一个部分做铺垫。

这是诗中的"针线",诗人在转折处连缝得极其熨帖。

第四部分,是最后十句。

蓬莱,是海上的仙山。卢仝用"归去",表明了自己也为仙人的身份。他本游走人间,此时却要重返天庭。不是去享受荣华富贵,而是要替凡间百姓仗义执言。问一问天庭的群仙,何时才能让百姓得到苏息的机会。

若只读《七碗歌》,我们会以为这只是一首闲诗。

只有读《走笔谢孟谏议寄新茶》,才知道卢仝心中的家国情怀。

正因如此,卢仝虽无官职,但一直与政界上层保持着密切的关系。

他最终的命运,也因此改变。

唐太和九年(835)十一月二十一日上午,卢仝在当朝宰相王涯的官邸做客。他与王涯的族弟王沐一起,等着王涯下朝回府。

过了午饭时间,没有等来王涯,却等来了神策军士兵。这群士兵见人就抓,卢仝自然也被逮捕。卢仝试图对士兵争辩，自己只是山野之人，来相府做客而已。士兵反驳道，既然是隐居之人，又来相府作甚？卢仝一时语塞，只得束手就擒。

他本以为不久误会便会消除，没想到却直接被押赴刑场。在去刑场的路上，卢仝才发现情况比自己想象的还糟糕。不仅相府乱了，长安城也成了修罗地狱。禁军士兵见人就抓，违抗者一律当街处死。

当卢仝到法场才发现，宰相王涯已经被绑在那里。犯人遭受了粗鲁的对待。史书记载：

自涯以下，皆以发反系柱上，钉其手足，方行刑。

最后，卢仝与宰相王涯一起，都被腰斩而死。

诗人卢仝，就此冤死。

几个月后，诗人贾岛站在好友卢仝的墓前，悲悲切切地写下一首《哭卢仝》。此诗既是对卢仝的哀悼，又是对其一生的总结。情真意切，特抄录一遍：

贤人无官死，不亲者亦悲。

空令古鬼哭，更得新邻比。

平生四十年，惟著白布衣。

天子未辟召，地府谁来追。

长安有交友，托孤遽弃移。

冢侧志石短，文字行参差。

无钱买松栽，自生蒿草枝。

在日赠我文，泪流把读时。

从兹加敬重，深藏恐失遗。

其实那天长安城里，与卢仝一起冤屈惨死的有一千余人之多。

这便是唐史上著名的"甘露之变"。

陆羽《茶经》中，曾盛赞茶"可与醍醐甘露抗衡也"。

以茶留名的卢仝，却死于甘露之变。

冥冥之中，似有安排。

一转眼，千年已过。

作为政治家的卢仝，早已流入滚滚红尘。

作为爱茶人的卢仝，终将永垂中国茶史。

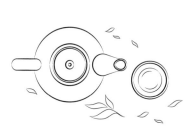

尚書惠蠟面茶　　徐　夤

武夷春暖月初圓，採摘新芽獻地仙。飛鵲印成香蠟片，啼猿溪走木蘭船。金槽和碾沈香末，冰椀輕涵翠縷煙。分贈恩深知寔異，晚鐺宜煮北山泉。

《尚书惠腊面茶》
唐·徐夤

（《咏茶诗录》，日本天保十年柳湾先生辑草魁图刻本）

尚书惠蜡面茶

唐·徐夤

武夷春暖月初圆，采得新芽献地仙。
飞鹊印成香蜡片，啼猿溪走木兰船。
金槽和碾沉香末，冰碗轻涵翠缕烟。
分赠恩深知最异，晚铛宜煮北山泉。[1]

历史上很多名人，都写过茶诗。李白、杜甫、白居易，曾巩、苏轼、欧阳修，简直不胜枚举，索性少费笔墨。

这些名家笔下的茶，如同被明星代言一样，身价倍增。像李白写的仙人掌茶，白居易喜欢的蜀茶，欧阳修最爱的双井茶……

但历代茶诗的作者中，更多的则是名气不大的文人墨客。

---

1. 选自《徐正字诗赋》（文渊阁四库全书本）。

名人写茶诗，茶因人而闻名天下。

常人写茶诗，人因茶而流芳千古。

本首茶诗的作者徐夤，就属于后者。

若不是这首茶诗，如今可能真的没有多少人还记得这位诗人了。

《全唐诗》卷七百零八中记载：

徐夤，字昭梦。莆田人。登乾宁进士第，授秘书省正字。

乾宁，是唐昭宗的年号。唐昭宗，是李唐王朝的倒数第二个皇帝。换句话说，徐夤考上公务员的时候，唐王朝已经风雨飘摇。

果然，徐夤"上班"不久，唐王朝便彻底"倒闭"了。

由于徐夤是福建人，随即他便转归故乡，加入了王审知的政治阵营。

王审知何许人也？他是五代十国期间，闽国的开国之君。由于王审知在位期间，对于福建地区的发展起到了极大的推动作用，颇受后世赞誉。时至今日，福建、台湾地区仍有地方供奉王审知，并尊其为"开闽圣王"。

但徐夤在闽国，干得并不开心，没多久就又辞职了。

关于徐夤辞职的原因，史料中留下八个字：

礼待简略，遂拂衣去。

说白了：不尊重我，必须辞职！

离开政坛的徐夤，过起了隐居延寿溪的生活，可谓是如鱼得水。

在徐夤的诗歌中，处处透露着生活的情趣。比如专门歌咏花花草草的题材，有《梅花》《菊花》《草木》《松》《竹》《牡丹花两首》《忆牡丹》《惜牡丹》等诗。专门歌咏小动物的题材，有《鸡》《龟》《鹰》《双鹭》《鹧鸪》《蝴蝶》《宫莺》《白鸽》等诗。看着这些诗歌，我真是由衷地感到徐夤退出职场就对了。

文艺青年，在职场中一般都不愉快。

这件事，千百年来都没变呀！

《全唐诗》中，共收录徐夤诗歌四卷，数量并不算少。但在盛产诗人的唐代，徐夤真的数不上名次。真正让他流芳后世的则是这首茶诗——《尚书惠蜡面茶》。

这首茶诗的意义何在？

我们慢慢拆解。

老规矩，先从题目讲起。

显而易见，这是一首典型的"答谢体"茶诗。徐铉毕竟混迹政坛多年，身边的朋友多是达官显贵。这位尚书大人送来了"蜡面茶"，诗人喝过之后写诗以示感谢。

写这种诗，就像发朋友圈。可以很敷衍，也可以很走心。徐铉写得走心，也就以此诗成名。

先说一下，蜡面茶究竟是何方神圣。

南唐保大三年（945），南唐俘获闽国王审知之子王延政，得到了重要的茶区建安。次年春天二月，就命令建安开始贡茶。《南唐书》卷二《嗣主传》中记载：

> 命建州制的乳茶，号曰京挺腊茶之贡，自此始罢贡阳羡茶。

唐代，以阳羡茶为尊。唐宋交替间，连贡茶也发生了变化。产自福建的京铤蜡茶，取代了阳羡茶的至尊地位。而这里讲的蜡茶，就是徐铉收到的"蜡面茶"。

徐铉本就是闽国故臣，能收到这里的特产"蜡面茶"在情理之中。

关于"蜡茶"名字的由来，《演繁露续集》卷五《蜡茶》中记载道：

建茶名蜡茶，为其乳泛汤面与铸蜡相似，故名蜡面茶也。

原来这种茶点出的茶汤，汤感黏稠，似融化后的蜡水，因此而得名"蜡茶"。后世也有记载写作"腊茶"，其实是一种误传，已经失去了其本意。

下面，我们来读正文。

前两句，写的是产地。

蜡面茶，产自闽国的建安，这在很多史籍中都有记载。闽国沃野千里，建安全境也不算小。徐夤的可贵之处，是将这款茶的产地进一步具体化了。没错，就是如今的茶叶重镇——武夷山。

所谓"武夷春暖月初圆"一句，把地点、季节、时间都说明白了。

地点：武夷山。

季节：初春。

时间：可以推算。

武夷山可以制作春茶，大致要在阴历三月份左右。

既然是"月初圆"，那就是十五日前后。

由此可见，唐末武夷山制茶应是在农历三月十五日之后。

这个时节忙着"采得新芽",再赠予"地仙"。

谁是地仙？本无头绪。蔡镇楚、施兆鹏的《中国名家茶诗》（中国农业出版社，2003）和于欣力、傅泊寒的《中国茶诗研究》（云南大学出版社，2008）对于"地仙"都未加以注释。恐怕是两书的作者，对于"地仙"的典故并不熟悉，因此避而不注。

幸好恩师孙文泱先生，曾为我耐心地讲解此事，并且专为此典故撰文说明。在文泱先生的指导下，我才逐步还原了"地仙"的真实面目。

如文泱先生当年所说，其实"地仙"并非僻典。

《抱朴子·内篇·论仙》如此说：

按《仙经》云：上士举形昇虚，谓之天仙。中士游于名山，谓之地仙。下士先死后蜕，谓之尸解仙。

此处地仙指的是游走于人世间的仙人，也比喻闲散享乐的人。

《列仙传》载：

马明生从安期先生受金液神丹方，乃入华阴山合金液。不乐升天，但服半剂，为地仙。

这里的地仙，是可以成仙却不愿做出升天之人的选择。

更贴近主题的书证，可以从茶学文献中找寻。前蜀毛文锡在《茶谱》中写道：

> 父曰：蒙之中顶茶，常以春分之先后，多雇人力，俟雷之发声，并手采摘之，以多为贵，至三日乃止。若获一两，以本处水煎服，即能祛宿疾；二两，当眼前无疾；三两，因以换骨；四两，即为地仙。（《古今合璧事类备要》外集卷四二）

除此之外，在唐宋的作品里"地仙"也不罕见。例如李涉《秋日过员太祝林园》诗："望水寻山二里馀，竹林斜到地仙居"（《全唐诗》卷四百七十七）；刘禹锡《刑部白侍郎谢病长告改宾客分司以诗赠别》："洛阳旧有衡茅在，亦拟抽身伴地仙"（《刘禹锡集》卷三二，第437页，中华书局，1990，卞孝萱校订本）；白居易《池上即事》有云："身闲富贵当天爵，官散无忧即地仙"（《白居易集笺校》卷二七，页1888，上海古籍出版社，1988）。

现如今的茶诗选本，皆不解释"地仙"一词。茶文化研究者，连唐诗的校注本亦罕有参照。故借此机会加以说明，以供爱茶人参考。

爱茶之人，得饮好茶，估计都能立地成仙吧。不知各位爱茶人是否同意呢？

三、四两句，写的是造型。

唐代流行的是蒸青茶饼，因此诗中才称"蜡面茶"为"香蜡片"。

而且造型精美，上面还印有"飞鹊"的图案。

这种工艺到了宋代得以发扬光大，最终形成"北苑贡茶"。

那时，只是将文艺的"飞鹊"换成富贵的"龙凤"便是了。

至于"啼猿溪走木兰船"一句，颇有"两岸猿声啼不住，轻舟已过万重山"之意。

所描述的场景，正是制成的"蜡面茶"走出武夷山的山川河曲，运往爱茶人手中的场景。

五、六两句，写的是喝茶。

当时的饮法，与今天颇为不同。

别看蜡面茶是武夷茶，可完全不是用工夫泡法。

因为是蒸青茶饼，所以喝的时候要用"金槽"。

茶汤入"冰碗"，渐起"翠缕烟"。

要不是醉心于茶事的人，写不出这种走心词句。

最后两句，写的是感情。

蜡面茶后来能取代阳羡茶，可见其贵重与珍稀。

这里的"分赠"与白居易《谢李六郎中寄新蜀茶》中的"分张"同义。如今已是闲云野鹤的徐夤，仍能收到尚书"分赠"的"香蜡片"。友情之深，可见一斑。

"晚铛宜煮北山泉"，涉及了茶器与用水。

选一款茶器，加以好水，认真烹煎品饮。

只有这样，方才不辜负这杯好茶。

只有这样，方才不辜负这份心意。

徐夤这首《尚书惠蜡面茶》，对于武夷茶区意义非凡。

这是武夷山，第一次以茶区身份出现在文献当中。

之前关于"武夷茶区"的记载，不能说没有，但非常模棱两可。

南朝文学家江淹，曾在《江文通集》中这样写武夷山：

地在东南峤外，闽越之旧境也。爰有碧水丹山，珍木灵草，皆淹平生所至爱。

有学者认为，文中的"珍木灵草"指的就是茶。当然有这种可能，但也有可能是代指其他植物。凭这点就说，"珍木灵草"是关于"武夷茶"的记载，太牵强了。

唐代孙樵《送茶与焦刑部书》，也是被武夷山地区高频引用的一条文献。其中记载道：

晚甘侯十五人，遣侍斋阁。此徒皆乘雷而摘，拜水而和。盖建阳丹山碧水之乡，月涧云龛之品，慎勿贱用之。

题目里倒是明确提出，文字的主题是茶。但也只写了"建阳丹山碧水"，没有明确提出是武夷山。

硬说《送茶与焦刑部书》记录的是武夷茶史，也没什么依据。

引用文献，应是对历史的尊重。

曲解文献，实是对历史的不敬。

对不起，又得罪人了。

徐夤这首茶诗，写于唐末或五代十国期间。武夷茶区正式登上历史舞台，也就应从这首茶诗算起。前后相加，也有一千余年了。

武夷山，是货真价实的老茶区。

但同时要说明的问题是，徐夤笔下的"蜡面茶"，是一种蒸青绿茶饼。不管从制法、造型还是品饮方式，都与如今的武夷岩茶毫不相关。

武夷岩茶，是武夷茶的一部分。

武夷茶，却不止武夷岩茶一种。

武夷茶的历史，不能都算作是岩茶的历史。

武夷茶的荣誉，不能都算作是岩茶的荣誉。

现在动辄说：武夷岩茶，传承千年。这其实是在偷换概念。

武夷茶区，历史已有上千年。

武夷岩茶，历史只有三百年。

说来也巧！

第一次记录武夷茶区的文献，是唐代徐夤先生的茶诗《尚书惠蜡面茶》。

第一次记录武夷岩茶的文献，是清代超全和尚的茶诗《武夷茶歌》。

茶诗，既具有文学价值，又具有史料价值。

关于《武夷茶歌》，我另撰文讲解。

总之，学习武夷茶，不读茶诗恐怕是不行喽！

其实何止武夷茶，茶诗是中国茶文化历史的一把金钥匙。

认真研读茶诗，该是每一位习茶人的必修课。

次韻曹輔寄壑源試焙新芽 曹輔字子方時為福建路轉運使

仙山靈草[一作雨]濕行雲洗遍香肌粉未勻明月來投玉川

子清風吹破武林春嬰知玉[一作冰作雪]心腸好不是膏油首

面新戲作小詩君勿[一作]笑從來佳茗似佳人

《次韻曹輔寄壑源試焙新芽》

宋·苏轼

《施注苏诗》，清康熙三十八年

宋荦刻本

次韵曹辅寄壑源试焙新芽

宋·苏轼

仙山灵草湿行云，洗遍香肌粉未匀。
明月来投玉川子，清风吹破武林春。
要知玉雪心肠好，不是膏油首面新。
戏作小诗君一笑，从来佳茗似佳人。[1]

苏轼的茶诗很多，数量超过了白居易。

但东坡居士的文采实在太高，反而掩盖了他的茶学造诣。其实苏轼的茶诗，不光是文学作品，更是茶学作品。若将他百十余首茶诗汇编成册，简直就是一部文学化的茶学著作了。

从这个角度来讲，苏轼茶诗的价值，长久以来被忽略了。

---

1. 选自《苏轼诗集》，北京：中华书局，1982 年 2 月第 1 版。

这首《次韵曹辅寄壑源试焙新芽》，便是其流传度最高的茶诗之一。该诗舒朗清新的文风背后，更是承载着深刻的茶学内涵，值得爱茶之人反复研读。

老规矩，还是从题目讲起。

曹辅，字载德，福建沙县人。没错，就是如今以小吃店闻名全国的那个沙县。北宋元符年间，曹辅中进士，自此步入官场。《苏轼诗集》中写道：

辅，时为闽漕。

也就是说，苏轼写这首诗的前后，曹辅正在福建为官。

近水楼台先得月，曹辅便将闽地出产的好茶，寄赠给好友苏轼。从而，就有了这首茶诗中的经典之作。

那么，曹辅寄来的是什么茶呢？

壑源茶。

壑源，隶属于宋代著名的北苑茶区。《苕溪渔隐丛话》中记载：

建安北苑茶，始于太宗朝，太平兴国二年，遣使造之，取像于龙凤，以别庶饮，由此入贡。……第所造之茶不许过数，入贡之后市无货者，人所罕得。惟壑源诸处私焙茶，其绝品亦可敌官焙，自昔至今，亦皆入贡。其流贩四方，悉私焙茶耳。苏黄皆有诗称道壑源茶，盖壑源与北苑为邻，山阜相接，才二里余。其茶甘香，特在诸私焙之上。[1]

壑源与北苑，也就隔着一公里左右。

北苑是官焙，已入宫廷贡品。

壑源属私焙，却为茶人所爱。

至于题目开头的"次韵"二字，还须再多补充两句。

这既是一种文体，也是"和诗"的一种方式。简而言之，就是根据上一首诗的"韵"以及用韵的次序，来创作自己的诗。

曹辅送来壑源茶时，依照当时的惯例附诗一首，以作说明之用。苏轼便根据曹辅这首诗的"韵"及用韵次序，紧接着作了这首《次韵曹辅寄壑源试焙新芽》。

曹辅的原诗，流传不广。

苏轼的次韵，却成经典。

用同样的"韵"及用韵的次序，却仍能技高一筹。

---

1. 引自《苕溪渔隐丛话》，北京：人民文学出版社，1962 年 6 月第 1 版。

　　其实苏轼这位诗人，非常喜爱也擅长运用"次韵"。《苏轼诗集》中，收录"次韵诗"众多。我还真数过，前后竟共有257首。时间有限，就不一一概述了。

　　我们来看正文。

　　显然，这是一首夸茶的诗。

　　前面六句，都是从不同的角度讲茶好。

　　前两句，是讲茶山环境。

　　既然是茶诗，那么"仙山灵草"肯定说的是茶了。至于"湿行云"，讲的是茶山中天气。宋玉《高唐赋》中曾有两句：

　　旦为朝云，暮为行雨。

　　一时晴，一时雨，不正是茶山中多变的气候吗？

　　多云、常雨，造就了茶树最适宜的生长环境。雨水打湿茶树，本是寻常景象。但苏轼却用"洗遍香肌粉未匀"一句来形容。以"美人出浴"，比喻"雨打茶树"，美感尽显。

　　三、四两句，是讲收茶心情。

　　玉川子，是唐代诗人卢仝的别号。卢仝曾在《走笔谢孟谏议寄新茶》中写有"手阅月团三百片"一句。自此，明月就成了唐宋团饼茶的代称。

苏轼将曹辅的好茶比作"明月"，再将自己比作"卢仝"。不显山不露水，先是表扬了朋友的茶好，顺带着还夸了自己。才子，就是才子。

当然，当下普洱茶饼、白茶饼亦很流行。"明月来投玉川子"一句，又有了时代新意。如今收到饼茶时，发朋友圈时用这句诗最恰当。至于您是不是要自比"玉川子"，那便悉听尊便咯。

五、六两句，涉及真假辨别。

"要知玉雪心肠好"一句，看似讲人，实是说茶。

所谓"膏油首面新"，则是北宋流行的一种茶叶造假方式。

当时"壑源茶"口碑好，卖价高，于是乎就有以"沙溪茶"来冒充。宋代黄儒《品茶要录》中记载：

凡壑源之茶售以十，则沙溪之茶售以五，其直大率仿此。然沙溪之园民，亦勇以为利，或杂以松黄，饰其首面。凡肉理怯薄，体轻而色黄，试时虽鲜白不能久泛，香薄而味短者，沙溪之品也。凡肉理实厚，体坚而色紫，试时泛盏凝久，香滑而味长者，壑源之品也。

沙溪茶中"饰其首面"的"松黄"，其实就是松花粉。

宋人点茶，茶汤以白为美。加入松黄的茶，也能点出鲜白的茶汤。但真的假不了，假的也真不了。靠松黄"添彩"的茶汤，不仅"鲜白不能久泛"，而且"香薄而味短"。

这两句话，透露苏轼的茶学修为。

这两句话，揭示辨茶的不二法门。

眼中的美感，不足以证明好坏。

耳中的故事，不足以论证贵贱。

口中的茶汤，才是我们最终的判断依据。

苏轼对茶，绝不是简单的喜爱。又或者说，苏轼对茶喜爱的表达方式，是醉心于茶学当中。从茶汤烹点，到茶饼制成，都是苏轼研究的范畴。

言归正传，我们接着看正文。

最后两句，是本诗的重点，也是传诵最广的部分。

很多人不知道《次韵曹辅寄壑源试焙新芽》，却熟悉"从来佳茗似佳人"。

到底什么是好茶？

这是很多人心中的终极问题。

苏东坡的答案是：从来佳茗似佳人。

人人心中，皆有佳人。或高或矮，或胖或瘦，不一而论。

人人心中，又都没有一个准确的"佳人标准"。

身高168厘米，体重50千克是佳人?

抑或身高170厘米，体重55千克是佳人?

寻找心中的佳人，不是单位招聘，哪能预设出刻板条件?

寻觅心中的好茶，不是评定职称，哪能困扰在条条框框?

现在有一些人，张嘴就说：我是非老古树不喝，或是非正岩不饮。我就劝他，多读读苏轼的这首茶诗。

我们饮一杯茶，总说是身心愉悦。茶事的享受，一部分来自物质层面，一部分来源于精神层面。过分追求那种"唯一"的答案，有时候会出现偏差。

好茶，没有绝对的标准。

茶韵，也无法准确描述。

最近教授岩茶课程，很多同学都对于"岩韵"颇感兴趣。

到底什么是岩韵?

我们不妨再来读读苏轼的这首茶诗。

从来佳茗似佳人……

好像是在写人，其实也是写茶。

可再细想想，这句诗又何尝不是对于"茶韵"最好的诠释呢？

苏轼，一语道破了"茶韵"的一大特性：不可说。

从题材的角度来讲，似乎词比诗更适合表现模糊的感受。

苏轼《行香子·茶词》里，对茶韵的描述，甚至比"佳人论"更妙。

其中下阕写道：

斗赢一水，功敌千钟。觉凉生、两腋清风。暂留红袖，少却纱笼。放笙歌散，庭馆静，略从容。

这里的"斗赢一水，功敌千钟"，皆是代指茶事。

茶如何，未直说。

一阕词，像是电影的慢镜头。缓缓叙述，皆是茶事之后的场面。可见虽"放笙歌散"，可"两腋清风"的感觉犹在。正如茶罢搁盏，茶韵却在口中久久回味一样。

苏东坡，借静写动，欲言又止，将茶事无限延伸了下来。

一句"放笙歌散，庭馆静，略从容"，又是一次对于茶韵的完美诠释：

茶韵，既不可说。

茶韵，也不可限。

不可说，不可限，构成中国茶的最高审美——韵。

黄庭坚，是苏东坡的得意弟子。他有首词名为《品令·茶词》，下阙写道：

味浓香永。醉乡路，成佳境。恰如灯下，故人万里，归来对影。口不能言，心下快活自省。

黄鲁直，不愧是"苏门四学士"之一。一句"口不能言，心下快活自省"，堪称是对老师"从来佳茗似佳人"最好的发挥了。

"口不能言，心下快活自省"，也是对"茶韵"完美的描述。

不是吗？

音乐的韵，在于弦外之音。

茶汤的韵，在于咽后之感。

茶汤在口，品的是味。

茶汤下肚，显的是韵。

佳人之美，不是高、矮、胖、瘦所能描述。

茶韵之美，不是酸、甜、苦、辣所能尽说。

有人曾经问我："要多少价位以上的茶，才能品出茶韵？"

也有人曾经问我："是不是只有正岩茶，才能品出茶韵？"

可能，我们把问题想反了。

如上文所述，茶韵的基本属性是"不可说"加"不可限"。聪明的茶商，正是利用了茶韵的特性，开始大肆宣传。久而久之，便形成了一种很严重的误解：茶韵，似乎成了喝高档茶、天价茶的人，才能够体会的奢侈享受。

按某些茶商的说法：中国茶，只有乌龙茶有韵。乌龙茶，只有武夷岩茶有茶韵。岩茶，只有"三坑两涧"有茶韵。三坑两涧，又以某些坑口茶韵最为明显……

可不要忘了，唐宋时期，还只有蒸青绿茶。

那么，问题来了。

苏东坡笔下"放笙歌散，庭馆静，略从容"，算不算茶韵呢？

黄庭坚笔下"口不能言，心下快活自省"，又算不算茶韵呢？

当然算是茶韵。

毋庸置疑，这两句也是对茶韵最为经典的描述之一。

我们总在追求，什么茶能喝出茶韵？

不妨，换个思路！

我们也该思考，什么人能品出茶韵？

最后把视角还是回到这首《次韵曹辅寄壑源试焙新芽》。"从来佳茗似佳人"，是本诗的千古名句。

好茶与佳人，到底哪里相似？

佳人，是情人眼里出西施。

没有这份情，便看不到那份美。

佳茗，是茶人心中出好茶。

没有那份爱，便品不出那份韵。

你不爱茶，怎么也不会喝到韵味。

你若爱茶，什么茶都会品出韵味。

饮茶后的身心愉悦，算不算茶的韵味？

饮茶后的神清气爽，算不算茶的韵味？

饮茶后的平静淡然，算不算茶的韵味？

要我看，都算！

茶韵，绝不是高消费的特权。

茶韵，应该是爱茶人的独享。

種茶

松間旅生茶，已與松俱瘦。茨棘尚未容，蒙翳爭交構。天
公所遺棄，百歲仍稚幼。紫筍雖不長，孤根乃獨壽。移栽
白鶴嶺，土軟春雨後。彌旬得連陰，似許晚遂茂。能忘流
轉苦，戢戢出鳥味。未任供春〔一作白〕磨，且可資摘嗅。千團輪
大官，百餅衒私鬥。何如此一啜，有味出吾囿。

《蘇詩補註卷四十》

香雨齋

《種茶》

宋·蘇軾

《初白庵苏诗补注》清乾隆二十六年

查慎行香雨斋刻本

种 茶

宋·苏轼

松间旅生茶，已与松俱瘦。
茨棘尚未容，蒙翳争交构。
天公所遗弃，百岁仍稚幼。
紫笋虽不长，孤根乃独寿。
移栽白鹤岭，土软春雨后。
弥旬得连阴，似许晚遂茂。
能忘流连苦，戢戢出鸟味。
未任供春磨，且可资摘嗅。
千团输太官，百饼炫私斗。
何如此一啜，有味出吾囿。[1]

茶诗当中，写饮茶的多，写制茶的少。

---

1. 选自《苏轼诗集》，北京：中华书局，1982 年 2 月第 1 版。

　　毕竟，饮茶是文人的事，制茶是农人的事。

　　陆羽《茶经》中，辟出"二之具""三之造"两章详述制茶流程，确实超越一般文人茶书的格局。

　　写诗的文人，大多四肢不勤、五谷不分。自然对书斋中的雅事熟悉，而对茶田里的农事感到陌生了。至于写种茶的诗，那更是凤毛麟角。

　　宋代苏轼的《种茶》，题材就显得尤为珍贵。

　　人们印象中的苏轼，多是一位文采飞扬的风流才子。闷来饮宴，就是"明月几时有，把酒问青天"。馋虫兴起，又是"日啖荔枝三百颗，不辞长作岭南人"。闲暇无事，还要"左牵黄，右擎苍，锦帽貂裘，千骑卷平冈"……

　　与其说苏轼是一位文学家，倒不如说他是一位生活家。

　　但是诸位看官，千万不要对生活家产生误会。

　　生活家的特点，不是将美好的生活过得舒心。

　　生活家的能耐，而是将糟心的日子过得精彩。

　　论性格，苏轼乐天知命。

　　论生活，苏轼极不顺心。

　　作为一个生活家，苏轼既有主观天赋，也有客观条件。

他的心态足够好，生活却足够糟。

读这首《种茶》之前，也有必要了解一下苏东坡的糟心生活。

古代文人的生活走向，其实大半与宦海沉浮相关，苏轼也不例外。

宋仁宗嘉祐二年（1057），苏轼中进士时年仅21岁，是名副其实的少年得志。但自进入官场后，苏轼却可谓步步维艰。终其一生，几乎都攀扯在北宋党争当中。

既然是党争，就谈不上对错是非了。本着分我族类其心必异的狭隘心胸，对非自己一方的政敌毫无理由地加以残酷迫害，便是党争的本来面貌。苏轼本是君子不党，怎奈却稀里糊涂地成了所谓的"元祐党人"。

按照《苏轼诗集》的记载，推测这首《种茶》应是作于北宋绍圣三年（1096）丙子正月到绍圣四年（1097）丁丑四月之间。这时的苏轼，身处广东惠州。至于东坡居士如何来到岭南蛮荒的惠州，便是本诗的写作背景了。

事情要追溯到北宋元祐九年（1094）四月十二日，哲宗皇帝下诏改年号为"绍圣"。

古代王朝的年号，一方面用字要吉祥，另一方面也透露着朝廷的政策走向。

所谓"绍圣"，意为继承神宗朝的政策方针。换言之，所谓的"变法派"即将得志，所谓的"保守派"则要遭难。

果不其然，改元后不久后吕大防、范纯仁等"保守派"罢职，章惇、安焘等"变法派"出任要职。可这些重回朝堂的变法派，早已把王安石新法的革新精神和具体政策抛弃，而把打击"元祐党人"作为主要目标，几近报复式地发泄他们多年来被排挤弃用的怨气。

短短两个月内，当时朝廷在任的三十多名高级官员全部被贬到岭南等边远地区。被认为是"元祐党人"的苏轼，自然也在贬官之列。

而且，是一年之内连贬五次。

苏轼在绍圣年间的第一次贬官，是在闰四月初三日。

诏书下达，取消苏轼端明殿学士及翰林侍读学士称号，撤销定州知州之任，以左朝奉郎知英州军州事。也就是说，把正在华北定州任职的苏轼，一口气赶到岭南的英州。

所谓英州，就是如今的广东英德。北宋年间那里可没有美味的英德红茶，只有一片蛮荒贫瘠的土地而已。

苏轼在绍圣年间的第二次贬官，是在第一道诏书下达后不久。

朝廷认为"罪罚未当"，于是又传新命，再降为充左承议郎，仍知英州。之前的左朝奉郎，是正六品上的官职。这次的充左承议郎，是正六品下的官职。

由此可见，对于苏轼的打压是锱铢必较。

苏轼在绍圣年间的第三次贬官，是在苏轼奔赴英州的途中。

这次诏书，是"诏苏轼合叙复日不得与叙复"的命令。

按照宋朝官制，官员每隔一定年限，如无重大过失即可调级升官，这叫作"叙官"。这道诏书就是取消了苏轼叙官的资格，也就是让他永无翻身之日。

苏轼在绍圣年间的第四次贬官，是在苏轼到达安徽当涂之时。

这次诏书宣布，再贬左承议郎，责授建昌军司马，惠州安置，不得签书公事。

这次贬谪的地方，由英州换到了更远的惠州。与此同时，苏轼从外放的州官变成了"不得签书公事"的罪人。与其说是去惠州赴任，倒不如说是去服刑了。

事到如今，苏轼的政敌仍觉得不够解恨。

苏轼在绍圣年间的第五次贬官，是在苏轼抵达庐陵之时。

这次诏书宣称，落建昌军司马，贬宁远军节度副使，仍惠州安置。节度副使听起来挺邪乎，但其实是比司马还低的官职。

连贬五次，发落岭南。

到达惠州，百感交集。

交代清楚了写作背景，才可以开始读茶诗。

因为这首《种茶》写的不光是茶树，更是苏轼自己。

我们来读正文。

这首诗的前四句，写的是茶树的生长环境。

松林之间，不知何时，生长出一株茶树。这里强调的是"旅生"，即表明了此茶树非人工有意栽种。唐宋之间，茶产业还多处于粗犷原始的状态。茶树多是野外生长，茶农也是靠天吃饭。想在房前屋后移栽成片的茶园，却由于培管技术不足，茶树往往长得并不理想。因此才有了陆羽《茶经》中所说"野者上，园者次"的情况。

但苏轼发现的这株野外的"旅茶"，情况并没有那么幸运。茨棘，即是带刺的荆棘。蒙翳，则是伏地的藤蔓。身边生长着这么多杂七杂八的植物，这株茶树的命运岌岌可危。

接下来的四句，写的便是茶树的生长状态。

这株茶树简直是苍天不佑，投错了胎似的长在了这堆杂草之中。结果自然是长势不良，紫笋般的优质茶芽寥寥无几。但可贵的是，这株茶树并没有枯死，仍然坚强地活在茨棘与蒙翳之间。

以上八句，叙述了一株长势不佳的茶树。

可实则这株茶树，不正是苏轼自己吗？

茶树生在松林，才子处于朝堂。茨棘与蒙翳，指的是朝廷里的奸佞小人。但历经磨难，苏轼的赤子之心不改。身处岭南蛮荒之地，虽已无力回天，但却要做到"孤根独寿"。

见茶树，如见自身。

赞茶树，亦赞自身。

下面的四句，情况有了转机。

苏轼与茶树，可谓是惺惺相惜。

自己忍受小人的排挤也就罢了，总不能看着孤高的茶树也被野草困死。于是他将这株茶树移栽白鹤岭上，细心加以呵护。恰逢天公作美，地力肥沃，茶树的长势越来越好。

其实诗中提到的白鹤岭，正是苏轼在惠州的新家。

虽然苏轼是以贬官的身份到达惠州，但却还是受到地方上的特殊礼遇。朝廷上的事没人说得清，苏轼的文章才情却真的让天下人钦佩。

他起初被安排住在三司行衙的合江楼，度过了短暂的愉快时光。但一方面，苏轼深知合江楼这样的住宿条件，对于他这样的贬官来讲是违反规定的享受，绝非长久之计。另一方面，苏轼也觉得五道诏书贬官惠州，自己估计是北归无望了。于是苏轼准备在惠州买地安家，把长子苏迈全家和幼子苏过的家眷搬过来同住。

北宋绍圣三年（1096）三月，苏轼买下白鹤峰上的几亩地。这里本是白鹤观的旧址，位于归善县城后面，环境清幽，闹中取静。苏轼依据地势，建屋二十间，凿井四十余尺。王文诰《苏文忠公诗编注集成总案》中记载：

堂前杂植松、柏、柑、橘、柚、荔、茶、梅诸树。

松间旅生的茶树，可能便是移植在白鹤峰苏宅之中。

下面的四句，讲的是茶树移栽白鹤岭之后的情况。

比如之前的"紫笋虽不长"，这时已经是"戢戢出鸟味"。

鸟味就是鸟嘴，与紫笋一样指的都是细嫩的上等茶芽。

茶树移栽白鹤岭，得以苗壮生长。

苏轼移居白鹤岭，也获片刻安宁。

在白鹤岭苏宅架设房梁的那天，苏轼依据当地习俗亲自撰写了《白鹤新居上梁文》。祝词最后写道：

伏愿上梁之后，山有宿麦，海无飓风。气爽人安，陈公之药不散；年丰米贱，村婆之酒可赊。凡我往还，同增福寿。

这篇上梁文，真是诗中"能忘流连苦"的真实写照。

最后的四句，写的是作者的心境。

太官，是主持天子膳食的职位。

私斗，说的是北宋流行的斗茶。

皇宫内廷的好茶，苏轼已经不放在眼里。

再好的茶，裹挟上争名夺利的人心，又"何如此一啜"呢？

岭南白鹤峰的生活虽然艰苦，却已远离了官场政局的是是非非。

清代纪昀评价这首诗：

委曲真朴，说得苦乐相关。

的确。何为苦？何为乐？

琐事缠身，再乐也是苦。

身心自由，再苦也是乐。

我们的人生，可能没有苏轼的大起大落。但东坡居士的茶情，当下爱茶人也会有所共鸣。

现如今，不少商务人士，将酒桌上的话又搬上了茶桌。

这算不算一种进步？我不敢答。情非得已，我也参加过不少这种茶局。美其名曰"饮茶"，实则就是"开会"。满桌子的人，谈起各种"项目"那是眉飞色舞，就是没人聊茶。那一刻，尴尬的我似乎明白了苏轼站在白鹤岭"何如此一啜"的感慨了。

空间装潢再高档，选用茶器再昂贵，斟茶倒水再贴心，都不如邀上一两位爱茶人，认真泡上一壶工夫茶来得自在快活。

做人，不妨善良。

喝茶，不妨单纯。

汲江煎茶

活水還須活火烹自臨釣石取深清大瓢貯月歸春甕

小杓分江入夜瓶雪乳_{一作}已翻煎處腳松風忽作瀉時

聲枯腸未易禁三椀_{一作}坐_臥聽荒城長短更

《蘇詩補註卷四十三　三　香雨齋》

《汲江煎茶》

宋·苏轼

《初白庵苏诗补注》，清乾隆二十六年

查慎行香雨斋刻本

汲江煎茶

宋·苏轼

活水还须活火烹，自临钓石取深清。
大瓢贮月归春瓮，小杓分江入夜瓶。
茶雨已翻煎处脚，松风忽作泻时声。
枯肠未易禁三椀，坐听荒城长短更。[1]

苏轼，是一位真正雅俗共赏的诗人。

论雅，读书人都熟悉他的《念奴娇·赤壁怀古》。

说俗，流行歌手都翻唱他的《水调歌头·明月几时有》。

但凡爱好文学的人，便都知道东坡居士。至于那些不知道东坡居士的人，却又都吃过东坡肘子。

多面的个性，多重的身份，使得社会各界人士都能找到喜爱他的理由。林语堂先生在《苏东坡传》中曾经这样

---

1. 选自《苏轼诗集》，北京：中华书局，1982 年 2 月第 1 版。

写道：

　　我们未尝不可说，苏东坡是个秉性难改的乐天派，是悲天悯人的道德家，是黎民百姓的好朋友，是散文作家，是新派的画家，是伟大的书法家，是酿酒的实验者，是工程师，是假道学的反对派，是瑜伽术的修炼者，是佛教徒，是士大夫，是皇帝的秘书，是饮酒成癖者，是心肠慈悲的法官，是政治上坚持己见者，是月下的漫步者，是诗人，是生性诙谐爱开玩笑的人。可是这些也许还不足以勾绘出苏东坡的全貌。

　　我不仅同意林语堂先生对于苏东坡的诸多定义，更是认可这段文字中的最后一句断语。

　　的确，以上这十九种身份仍不足以勾勒苏轼的全貌。我是晚学后辈，万不敢说是替林语堂先生补充。但起码看起来，苏东坡茶人的身份，语堂先生还未曾提及。

　　事实上，苏轼确实是一位造诣深厚的茶学家。

　　以何为凭？

　　茶诗。

　　苏轼一生，为茶写的诗不少，为茶填的词更多。但我总是建议，大家从这首《汲江煎茶》读起。

老规矩，我们先从作者生平开讲。

苏轼，字子瞻，又字和仲，号东坡，四川眉山人。生于宋仁宗景祐三年（1037）十二月，卒于宋徽宗建中靖国元年（1101）七月。

他的曾祖、祖父都是布衣。苏轼在《西楼帖·家书》中，曾自诩为"寒族"。苏轼的父亲苏洵，虽然是布衣之身，却自青年起即发奋读书，最后终成一代散文家与学者。

苏轼与弟弟苏辙，少年时就以父亲苏洵为师，受到良好的家庭教育。宋仁宗嘉祐二年（1057），苏轼中进士，自此开始了宦海沉浮的一生。

其实当苏轼中进士时，北宋王朝已经建立了一百余年，政治与经济的危机可谓一触即发。在这样的背景下，王安石变法轰轰烈烈地展开了。苏轼在仕途数十年，浮沉不定，几经入出朝廷，都与这次变法有关。

第一次重大打击，发生在宋神宗熙宁九年（1076）。

王安石二次罢相之后，变法派与保守派之间的斗争日趋激烈。这时的斗争，已经与国事无关，而是变质为裹挟着大量个人恩怨与偏见的党争。

苏轼因被指控写了讥讽当局的诗而入狱，史称"乌台诗案"。在这次事件中，除去苏轼外，包括司马光、张平方、范镇等一批官员皆被牵连。政治斗争，波谲云诡，苏轼险些丢了性命。

　　第二次重大打击，是在宋哲宗元祐八年（1093）。

　　这一年的九月，高太后死，哲宗皇帝亲政。守旧派下台，已经变了性质的变法派上台。

　　苏轼被作为守旧派的重要人物，接二连三地遭到打击和贬官。先是去定州，后又贬惠州，再贬儋州。降职一次比一次狠，贬官一次比一次远。开始是到了岭南，后来干脆轰出中土，一口气将苏轼赶到了海南岛上。直到宋徽宗建中靖国元年，苏轼才得以渡海北归。

　　但一切都太晚了。

　　同年，苏轼病故于北归途中。

　　我们读苏轼诗，感觉他的生活是载歌载舞、花团锦簇。很少有人能想象得到，他的职场生涯是如此的坎坷不平。苏轼，总能在忧患面前一笑置之，对待生活仍能饱含热情。他面对宦海沉浮豁达乐观的态度，便是无数中国读书人为其倾倒的原因了吧。

这种乐天知命的性格，也在其一生的茶事中体现得淋漓尽致。

接下来，我们把目光转向茶诗。

题目只有四个字，描述的是饮茶的场景。

所谓"汲江煎茶"，就是从江中取水来煎煮茶汤。

开宗明义就说出了茶事用水的来源，这本身就是一种茶学修养的体现。

自陆羽《茶经》起，发起了关于茶与水的千古话题。

水对于茶，相当于宣纸对于国画。

再有能耐的画家，也不能在报纸上绘出水墨丹青。

再有本事的茶人，也很难用自来水泡出优质的茶汤。

但时至今日，有不少的爱茶人对于水的重要性认知仍很不够。

有人愿意花大价钱去购买名茶与名器。回到家里，却还是用龙头里的自来水泡茶。结果可想而知，只能是前功尽弃。

一般茶诗，题目多带茶名。

少有茶诗，题目点名用水。

苏轼对茶学之造诣，窥一斑而知全豹。

全篇茶诗，就从泡茶用水的问题开始讨论。

第一部分，突出了一个"活"字。

先是活水。

我们都有这样的生活经验。三五知己，结伴出游。于山清水秀之处，取鲜活灵动之泉水。这样的泉水，不要说泡茶，就是空口饮用也是极为甘冽。先不要说城市的管道水，就是瓶装的矿泉水，也要甘拜下风。

原因何在？

答：水活。

只要有时间，我便到各大超市中去观察，进而发现了有趣的现象。

消费者买奶，一般都要仔细检查生产日期。

消费者买水，一般没人仔细检查生产日期。

可其实，超市矿泉水的生产日期同样重要。要是罐装超过一年的水，虽然不至于变质腐败，但也绝对算不上活水了。这样不活的水，不论产自何地，泡茶都不会太好。

苏轼是茶学家，深知活水的重要，这才要"汲江煎茶"。

再是活火。

唐代赵璘《因话录》中，已有关于"活火"的定义：

活火，谓炭之焰也。

换言之，活火是蹿着火苗的炭火。

这里涉及煮水的加热问题，属于更深一层的讨论。加热源的不同，确实会有不同的效果。

为说明问题，不妨再来聊聊做饭。

柴火蒸饭和电饭煲蒸饭，就不是一个味道。

大灶炒菜和电磁炉炒菜，也不是一个风格。

究其原因，就是加热方式的不同。

到底是什么样的活水，还一定要用活火去烹呢？

第二句给出了答案：自临钓石取深清。

所谓"自临"，表现了亲力亲为。至于"钓石"也可称"钓碣"，是江边上突出来便于垂钓的石头。清代钱谦益《吴门送福清公还闽》诗之七中，也有"钓碣自携新炼石，卧床还弄旧书云"的诗句。

为什么要在钓石上汲水呢？因为苏轼要的是"深清"

之水。

《茶经·五之煮》里写道：

其江水取去人远者，并取汲多者。

古人在江边难免要洗衣淘米，对水自然有一些污染。所以茶圣陆羽才提出来要取"去人远者"，从而获取高质量的江水。看起来，苏轼不光深谙茶事，更应是熟读《茶经》了吧。

江水汲取上来，还需要先行两步处理方可烹煮名茶。

第一步，大瓢贮月归春瓮。

将汲取的江水，一股脑地倒入大瓮之中。此"春瓮"不光是贮存江水，更会对江水质量有所提升。因为再"深清"的江水，也难免带有些泥沙杂物。若是直接煮水烹茶，显然要影响茶汤口感。先把江水放入"春瓮"中数日，以达到沉淀杂质的功效。

我小时候住在北京南城的四合院里，记得就在院子墙根处一直摆有一口水缸。那时自来水还没有普及入户，老人们总是把从胡同水龙头里打回来的自来水先倒入水缸中，并且严词告诫我们这些小孩，绝不许去水缸里瞎搅和。现在想起来，老人们便是在利用水缸来沉淀水中的杂质。

第二步，小杓分江入夜瓶。

杓与瓶，都是宋代常用的茶器。

所谓杓，宋徽宗《大观茶论》中记载：

杓之大小，当以可受一盏茶为量。过一盏则必归其余，不及则必取其不足。倾杓烦数，茶必冰矣。

宋代的杓，是一种分水用具。

至于瓶，蔡襄《茶录》中记载道：

瓶要小者易候汤，又点茶注汤有准。黄金为上，人间以银、铁或瓷、石为之。

宋代的瓶，是煮水与点茶的用具。

将在大甕中沉淀过的清水，分入汤瓶中使用，本是平常的茶事行为。但经苏轼的才情一写，却充满着诗意般的美感。富有艺术感的茶事白描，是苏轼茶诗的魅力所在。

五、六两句，讲的都是煮水点茶时的场景了。

但关于文本问题，却存在着一些争议。

中华书局版《苏轼诗集·卷四十三》"汲江煎茶"篇目，作"茶雨已翻煎脚处"。可其实原诗"茶雨"处，作"雪乳"

二字。这又是怎么回事呢？

原来清代查慎行校勘这首诗时，不解"雪乳"二字之意。而有的版本，也写作"茶乳"二字。查慎行认为"茶雨"二字，才更与下文"煎处脚"有关联。

其实，查氏是不懂宋代茶法，才误将"雪乳"改作了"茶雨"。

宋代流行点茶法，茶汤以击打后呈现有乳白色的泡沫为美。宋徽宗《大观茶论》中便写道：

乳雾汹涌，溢盏而起。周回凝而不动，谓之咬盏。

由此可见，苏轼笔下"雪乳已翻煎脚处"才正是好茶之相呢。

中国饮茶习惯几经易变，这也成了理解茶诗时的难点之一了。

行文至此，描述的都是东坡居士的饮茶生活。先是取活水，再是生活火。归春瓮后又入夜瓶。一切都是那样讲究精致，让人艳羡不已。

可最后两句，却使剧情急转直下。

原来苏轼写作这首《汲江煎茶》时既不在首都汴梁，也不在苏杭二州，而是流落在一座荒城之内。

翻阅文献这才发现，此首诗大致写于北宋元符三年（1100）正月到八月间。苏轼在北宋绍圣三年（1096）自广东惠州再次遭贬至海南儋州。写作《汲江煎茶》时，苏轼已在海南岛上待了三年有余。

宋哲宗在元符三年正月去世，享年二十四岁。这位皇帝只有一子，还在幼年早夭。皇位只能由他的弟弟继承，也就是后来的宋徽宗。

当然，宋哲宗刚去世的半年内，朝廷由皇太后执政。所有元祐年间的老臣都得以赦罪，苏轼也得以昭雪。

不过根据记载，苏轼大致是在元符三年五月才知道遇赦的消息。

写作这首诗时，很可能苏轼仍处于海南岛的贬官生活当中。

但即使贬官荒城也没影响他仍要汲江水而用心煎茶。

纵观苏轼一生，一直深陷在政治漩涡当中。但是他却光风霁月，一直超脱于蝇营狗苟的政治勾当之中。

少年时读苏轼，爱他的才情万丈。

成年后读苏轼，学他的超然物外。

忙时一杯茶，闲时一杯茶。

顺境一杯茶，逆境一杯茶。

生活，就是一杯茶，接着一杯茶。

啜茶示兒輩

圍坐團欒且勿譁 飯餘共啜此甌茶

麤知道義死無憾 已迫耄期生有涯

小圃花光還滿眼 高城漏鼓不停撾

閒人一笑眞當勉 小榼何妨問酒家

右錄陸游茶詞

庚子初夏林瑩

《啜茶示儿辈》

宋·陆游

（林莹女士书法作品）

啜茶示儿辈

宋·陆游

围坐团栾且勿哗，饭余共举此瓯茶。

粗知道义死无憾，已迫耄期生有涯。

小圃花光还满眼，高城漏鼓不停挝。

闲人一笑真当勉，小榼何妨问酒家。[1]

若论写作茶诗的数量，唐代诗人中白居易是第一，宋代诗人里陆游为魁首。

陆游本是高产的诗人，有"六十年间万首诗"的成就。据原浙江诗词学会名誉会长戴盟先生统计，在《剑南诗稿》中涉及茶的作品达到了二百多首。这样算来，陆游比白居易写作的茶诗数量还要多出四倍有余。

梳理宋代茶事，不读陆游不行。

---

1. 选自《剑南诗稿校注》，北京：中华书局，1985 年 9 月第 1 版。

研究中国茶诗，不读陆游不可。

老规矩，从作者开始聊起吧。

陆游，字观务，号放翁，宋越州山阴（今浙江绍兴）人。北宋徽宗宣和七年（1125），他父亲携眷由水路赴京城。在十月十七日一个暴风雨的早晨，陆游就诞生在淮河舟中。

关于陆游名与字的由来，向来有着两种不同的说法。

其一，相传在他出生的前夕，他的母亲曾梦到当代的大词人秦观（字少游）。因而以秦观的字为他的名，以秦的名为他的字；

也有说陆游的名与字，是因其自己仰慕秦少游之为人而起。我们现在看他的诗稿中有《题陈伯予主簿所藏秦少游像》云：

晚生常恨不从公，忽拜英姿绘画中，妄欲步趋端有意，我名公字正相同。

可见后一个说法是正确的。毕竟，梦境无凭，题诗有据。

陆游是极有名气的诗人，自也不必多费笔墨介绍。倒是这首茶诗的题目《啜茶示儿辈》，颇值得多说几句。

诚然，大家对于其中"示儿"二字并不陌生。因为陆游写作的名篇《示儿》，早已选入中学语文课本。其中"王师北定中原日，家祭无忘告乃翁"的句子，更可谓是耳熟能详。诗人心系天下的爱国情怀，每每读起令人动容。

　　然而，知道那首《示儿》的人很多，听过这首《啜茶示儿辈》的人却很少。前者，写于南宋嘉定三年（1210）。后者，写于南宋开禧二年（1206）。两首诗相隔不过四年，都属于陆游晚年的作品。我们不妨将这两首诗，当作是一体两面来拆解吧。

　　所谓"示儿"，可解释为向儿孙展示。进一步而言，也可引申理解为教育与警醒儿孙。名篇《示儿》中，所传递的自然是爱国情怀。茶诗《啜茶示儿辈》中，又有哪些陆游想传达的人生智慧呢？

　　我们来读正文。

　　起首的两句，讲的是开场。

　　所谓"团栾"，可直译为圆月。清代纳兰性德，就有"问君何事轻离别，一年能几团栾月"的诗句。后用得多了，便也引申表达团圆之意。元代张养浩《普天乐》曲中，便有

"山妻稚子，团栾笑语，其乐无涯"的用法。

饭后一家人围坐，共饮香茶一盏。这样的团圆场景，如今也常发生在爱茶人家中。既然是家庭闲聊，气氛自应当轻松些。却又为何要求大家"且勿哗"呢？原来是诗人陆游有话要说。

当年蔡国庆有首歌里唱道："我们坐在高高的谷堆旁边，听妈妈讲那过去的事情。"在这首诗里，"谷堆"换成了"茶桌"，而"妈妈"换成了"爷爷"。

写作这首茶诗时，陆游已经是八十二岁的老人了。与智慧的长者聊天，总是宛若上课听讲一般。若能再佐以一杯好茶，边饮边谈那便更好。不经意间的闲话，也自会流露人生的哲理与经验。

家庭茶聚之上，陆游又要说些什么呢？

我们接着往下看。

三、四两句，讲的是主旨。

陆游的身体，本是十分康健。但随着年龄的增长，自然也总要面临生理功能衰退。他七十九岁时，开始"目昏颇废观书"。八十二岁，则是"似见不见目愈衰，欲堕不堕齿更危"了。

到了耄耋之年的陆游，自然知道生命的无常与有限。但他告诫自己的儿孙，不要浑浑噩噩、庸碌地生活。相反，只要是"粗知道义"，那便是虽死无憾了。不管是《示儿》还是《啜茶示儿辈》，诗中都传递了陆游"行正道重大义"的思想。

五、六两句，讲的是光阴。

园圃中的鲜花，绽放得耀眼夺目。光华绚烂的花朵，正暗示着欣欣向荣的生命。又或者，也可理解为风光无限的生活吧？

但时间，总是最为残酷。人无千日好，花无百日红。高耸的城楼上，计时所用的漏鼓还在不停地捶打。时光匆匆流逝，到底什么才是最有意义的呢？

七、八两句，给的是答案。

陆游教育儿孙，不妨多向"闲人"看齐。但要注意，学习的对象不是"贤达之人"而是"闲散之人"。

从南宋绍熙元年（1190）至嘉泰元年（1201）的十余年间，陆游一直住在山阴过着田园生活。超然于冗杂的政务之外，自得生活的趣闻。

既然不能做到"达则兼济天下"的贤人，不妨就做一个"穷则独善其身"的闲人。

《示儿》中的"王师北定中原日，家祭无忘告乃翁"，像是陆游写给世人的教科书。《啜茶示儿辈》中的"闲人一笑真当勉，小榼何妨问酒家"，则是陆游写给儿孙的体己话。

当然，陆游留给儿孙的财富，不只有重义的警语，更有饮茶的家风。

就在写作茶诗《啜茶示儿辈》的第二年，陆游写作了一首《八十三吟》。虽然诗名中不带茶字，却也可算是陆游晚年茶诗中的精品。特先行抄录，以飨爱茶之人。正文如下：

石帆山下白头人，八十三回见早春。

自爱安闲忘寂寞，天将强健报清贫。

枯桐已爨宁求识？敝帚当捐却自珍。

桑苎家风君勿笑，它年犹得作茶神。

开篇提到的石帆山，对于陆游有着特殊的意义。据《嘉泰会稽志》记载：

会稽县石帆山，在县东一十五里。旧经引夏侯曾先地志云："射的山北石壁高数十丈，中央少纤，状如张帆，下有文石如鹢，一名石帆。"

因是家乡的名胜，陆游对其颇有感情。像《雨中宿石帆山下民家》《赠石帆老人》等多首诗中，都曾提及这座名山。写作这首《八十三吟》时，陆游已经是八十三岁高龄的老人了。这"石帆山下白头人"，说的便是诗人自己了。

冬去春来，物候更迭，陆游已经看了八十三回。总结自己的一生，又有什么可以分享给儿孙后辈的话呢？想来想去，似乎就只有"自爱安闲忘寂寞"一句了。而"自爱安闲"一句，正又与茶诗《啜茶示儿辈》中"闲人一笑真当勉"的心态相合。因此我们不妨将《八十三吟》，视作《啜茶示儿辈》的续篇来读，以便更好地参悟陆游的人生智慧。

后面的两句，则是连用了两则典故。

"枯桐已爨宁求识"一句，典出自《后汉书·蔡邕传》"吴人有烧桐以爨者，邕闻火烈之声，知其良木，因请而裁为琴，果有美音，而其尾犹焦，故时人名曰'焦尾琴'焉"一段。陆游以此比喻，自己空有抱负却难以施展。

"敝帚当捐却自珍"一句，典出汉代刘珍《东观汉记·光武帝纪》"一量放兵纵火，闻之可以酸鼻。家有敝帚，享之千斤"一段。后人将"敝帚自珍"作为成语，比喻自己的东西即使不好也要格外珍惜。

最后"桑苎家风君勿笑，它年犹得作茶神"两句，讲出诗人陆游与茶人陆羽间千丝万缕的联系。

据《新唐书》卷一九六《陆羽传》载：

上元初，隐苕溪，自称桑苎翁，阖门著书。

陆游倾慕陆羽，又恰巧与茶圣同姓，因此他曾在诗中多次提及"桑苎"二字。

譬如《自咏》中有"曾著《杞菊赋》，自名桑苎翁"一句。《安国院试茶》中有"我是江南桑苎家，汲泉闲品故园茶"一句。《同何元立蔡肩吾至东丁院汲泉煮茶》中则说："一州佳处尽徘徊，惟有东丁院未来。身是江南老桑苎，诸君小住共茶杯。"

陆羽《茶经》更是陆游的经常读物之一。《书况》中说"琴谱从僧借，茶经与客论"。《雨晴》里有"孰知倦客萧然意，水品茶经手自携"。《戏书燕儿》中还有"水品茶经带在手，前身竟是竟陵翁"的诗句。《野意》中"茶经每向僧窗读，菰米仍于野艇炊"一句，更是表明即使在远客他乡成都时，《茶经》也是翻读不辍的书籍。

《宋史》中称陆游卒于南宋嘉定二年（1209），享年八十五岁。钱大昕在《陆放翁年谱》中，根据《直斋书录解题》考证出陆游应是卒于南宋嘉定三年（1210），享年八十六岁。无论如何，在"人生七十古来稀"的中国古代，陆游绝对算得上是一位长寿老人。

陆游的康健与寿高，与他所倡导的"桑苎家风"有着极为密切的关系。

到底什么是"桑苎家风"呢？

首先，自是要常饮好茶。

中国古人，很早就认识了茶的保健功效。自唐代《新修本草》始，中国的医书必将茶收录其中。浙江中医药大学的林乾良教授，更是在20世纪80年代首次提出"茶疗"的观点。陆游一生保持的饮茶习惯，自然是对于他的健康长寿有着积极的影响。

然而，茶对于人的益处，又不止于强身健体，更在于疗愈心性。

我们饮到一杯好茶，可说是身心愉悦。

身体的舒爽，归因于茶的物质作用。

心情的愉悦，归功于茶的精神效力。

桑苎家风，亦是个人独处时"自爱安闲忘寂寞"的心态。

桑苎家风，实是亲友团聚时"饭余共举此瓯茶"的温馨。

一杯茶，让亲友欢聚融洽温馨。

一杯茶，让静思独处开朗豁达。

桑苎家风长存，自是福寿康宁。

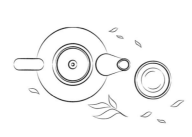

寒梅纹鸿渐盖碗

寒　夜

宋·杜耒

寒夜客来茶当酒，
竹炉汤沸火初红。
寻常一样窗前月，
才有梅花便不同。[1]

茶，是中国人生活中熟悉的"陌生人"。

熟悉，体现在司空见惯。

陌生，则是指常人对茶的参与度其实很低。

一般人家里的茶，多是靠亲朋好友送。

以至于不少人喝了许多年茶，愣是没自己买过。

赶上身边有爱喝茶的人，没事就蹭一口。

饭馆的茶水多是免费赠送，一下子连点单的环节都省

---

1. 选自《前贤小集拾遗》（清抄本）。

略了。

　　至于喝茶的讲究和门道，大多数国人其实也都不甚了解。

　　只有一件茶事，几乎所有的国人一直深度参与，从小培养，久练久熟。

　　这就是"客来奉茶"。

　　小时候，我生活在北京胡同的四合院里。

　　那时候的人都讲些个老礼儿。

　　逢有年节，必有亲友来访。

　　来串门的人，有的我看着眼熟，有的压根也不认识。

　　但不管什么人来了，我的任务只有一个，那就是给客人泡茶。

　　我对这项劳动，从无怨言。

　　那是因为，每当我们去别人家拜访时，也一定会受到同等礼遇。

　　时至今日，我给人家泡的什么茶，抑或是人家给我喝了什么茶，早就都记不得了。

　　但这里面有一套客气话，我却至今记忆深刻。

主人说:"那谁,快泡茶去!"

客人答:"您别忙活,坐不住,坐不住!"

主人一定要跟一句:"不差这一杯茶的工夫!"

像京剧戏词似的,多是程式化的交谈。

搁到今天,这种聊天有了专属名词——"套路"。

然而,由不同的人用不同的语气说出口,套话也格外生动。

有时候过节频繁串门,就能连续听到三四个不同版本的以上对话,也颇为有趣。

我尚记得有位急性子的亲戚,家里长辈刚说"快去泡茶",他则已站起身来大嗓门喊出"坐不住"!

主人跑过去拉他坐下喝茶,他则已经一脚跨出门了。

放在外人看来,真以为是打起来了呢。

现在想想,这才叫真正接地气儿的中国茶文化。

后来读到茶诗,才知道古人也讲究客来奉茶。

南宋杜耒的《寒夜》,是这个题材中的精品之作。

题目直白,介绍了故事发生的背景。

第一次读到这个题目,不自觉地联想起晋代诗人陶渊明的《杂诗十二首·其二》。其中写道：

> 白日沦西阿，素月出东岭。
>
> 遥遥万里辉，荡荡空中景。
>
> 风来入房户，夜中枕席冷。
>
> 气变悟时易，不眠知夕永。
>
> ……

在沉寂而冰冷的寒夜，孤独感会不自觉地袭来。

这个时候发生的茶事，便给人带来无限的遐想。

茶诗的题目，字数多少都有妙处。

字数多，提供了丰富的信息要点。

字数少，给予充分的想象空间。

说完了题目，我们还得聊聊作者。

很多人对于这首诗耳熟能详，但真问起来作者可就一头雾水了。

《寒夜》的作者是南宋诗人杜耒。

耒，本意是一种翻土的农具，音同"磊"。

杜耒，字子野，号小山，江西盱江人。他虽为官，但只是小小的幕僚，且死得不明不白。

宋代罗大经《鹤林玉露》中，记载了杜耒的死因。

话说在金朝后期，山东出了反金的农民军首领李全。敌人的敌人，自然是朋友。李全是反金义士，顺理成章地归附了南宋朝廷。但时间久了，李全的野心也就越来越大，最后公开与南宋为敌。

南宋嘉熙年间（1237—1240），宋理宗决定派人率兵除掉李全。选来选去，用了武将许国。这位许国到了前线，结果是出师未捷身先死了。史书中记载他的死因是：

> 偃然自大，受全庭参，全军忿怒，因而杀之。

官僚主义严重，不能够团结群众，最终招致全军哗变。

可怜的杜耒，此时正给许国充当幕僚，受到牵连。于是乎，杜子野便这样惨死于乱军当中。

他留下的诗文不多，但一首《寒夜》却扬名天下。

讲罢作者生平，我们再来读正文。

寒夜，本是最为寂寞无聊的了。即使想静静地发呆，也冻得够呛。诗人虽未说季节，但想必不是严冬也是深秋。

窗外万物凋零，更是平添了几分伤感。

此时有客来访，岂不是正可破解孤闷。

今天拜访朋友，多讲究提前约好。要是贸然登门，打对方一个措手不及，反而是大大的失礼。

古人不比今人，联系起来十分不便。不然的话，刘备也就不用三顾茅庐地劳顿。一个微信，全都解决了。

古人的访友，在今天的人看起来就是"愣闯"。虽然不够周全，但却有一种不可预知的感觉。开门见朋友来访时的惊喜，又是当代人感受不到的幸福了。

由于见面极难，古人会客时间都会偏长。关系稍好，则是一定要留宿的了。

谁能知道，下次见面又要何年何月了。

又或者，根本不存在下次见面了？

由于时间充裕，自然可以慢慢地点火煮水。待等"竹炉汤沸火初红"之时，再为客人用心调制一份茶汤。

这个过程很慢，当下人甚至难以忍受。

但这漫长的寒夜里，又有什么可着急的呢？

大把的时间，用来为茶事挥霍。

这难道不是一种幸福吗？

这时候，不必再客套地说"坐不住，坐不住"了。让我们一起静坐，欣赏那窗前皎洁的月光吧。

佳客至，香茗熟。

写"客来奉茶"的诗里，明代郭登的《西屯女》也算精品。但与杜耒的《寒夜》不同，知道这首诗的人却很少。我们不妨将两首茶诗，放在一起赏析。先抄录原诗如下：

西屯女儿年十八，六幅红裙脚不袜。

面上脂铅随手抹，百合山丹满头插。

见客含羞娇不语，走入柴门掩门处。

隔墙却问官何来，阿爷便归官且住。

解鞍系马堂前树，我向厨中泡茶去。

诗人笔下的西屯女，是一个满头插花、薄施脂粉的小村姑。

杜耒写的是庙堂文人，郭登写的则是山野村妇。

一雅一俗，对照品读，趣味盎然。

估计平时家里十分清静，家里突然来了客人，西屯女竟然娇羞得说不出话来。小姑娘警惕性很高，并未给访客开门，而是采取了隔墙喊话的方式。当问明缘由后，这才将客人让进家中。

客人进家，西屯女一通忙活。先是解鞍系马，后是厨中泡茶。这一系列动作，都暗有留客之意。人家这客来敬茶真有诚意，连马鞍子都给解了，你再说"坐不住"也晚了。

是友人来访，还是过路打尖，诗里没细说。但西屯女知道，只要客人出了家门，今生今世不见得再能相见。毕竟，又没留电话也没扫微信，我上哪找你去呀？

一生可能仅有一次相会，暗示了需要全心全意地投入。这份心意的珍贵，也成了将无常化为永恒的基石。

我想，这也算是当下流行的"一期一会"吧？

这个词本是日语，最早出于江户德川幕府时代井伊直弼所著《茶汤一会集》。书中这样写道：

追其本源，茶事之会，为一期一会，即使同主同客反复多次举行茶事，也不能再现此时此刻之事。

这里的"期"，所指的是一生的时间，而"会"指的是相会。

然而，最早提出类似思想的还不是井伊直弼，而是茶人珠光。

在《山上宗二记》中的《珠光一纸目录》中可以发现，

珠光重视主宾双方在茶事活动中的影响。

他认为，客人从进入露地到离开茶室，都需当作是一生仅有的一次相遇来尊敬亭主（即茶会的主人）。

相对的，亭主也要以对等的心态诚心来待客。

其实，"一期一会"还真算不得舶来品。

"寻常一样窗前月，才有梅花便不同"，算不算一期一会？

"解鞍系马堂前树，我向厨中泡茶去"，算不算一期一会？

如今便捷的通信，使得人们忽略了人与人相遇的不易。

我们遇到的人，其实还是每天都在改变。

我们总觉得，留了微信就可以很容易联系到。

可有多少人，喝过一次茶后，也就再未见过了呢？

又有多少人，见过一次面后，连喝茶的机会都没有了呢？

即使是关系不错的朋友，也大多沦为朋友圈里点赞的交情了。

时间在变，空间在变，唯一不变的也还是只有"变化"。

我们以为自己比古人幸福很多，其实互联网也使我们失去了很多温暖。

　　写到这里，我忍不住又念了一遍之前的那套话。

　　我小时候胡同里的老人，并不知道"一期一会"。

　　大家只是觉得，泡茶可以把客人留下。

　　见一面不容易，能多待一会儿就多待一会儿。

　　客来奉茶，无疑是最走心的茶事。

　　中国茶文化中，原来也有这样深刻的部分。

　　只怪我们没有细细体会罢了。

　　逢年过节，大家别忘了认真泡杯茶。

　　奉给亲人、友人和爱人。

雷過溪山碧雲暖　幽叢半吐槍旗短
銀釵女兒相應歌　筐中摘得誰最多
歸來清香猶在手　高品先將呈太守
竹爐新焙未得嘗　籠盛販與湖南商
山家不解種禾黍　衣食年年在春雨

右錄明　高啟　採茶詞　林瑩書

《采茶词》

明·高启

（林莹女士书法作品）

采 茶 词

明·高启

雷过溪山碧云暖，幽丛半吐枪旗短。

银钗女儿相应歌，筐中摘得谁最多。

归来清香犹在手，高品先将呈太守。

竹炉新焙未得尝，笼盛贩与湖南商。

山家不解种禾黍，衣食年年在春雨。[1]

    2006年，我国第一批国家级非物质文化遗产名录公布，"武夷岩茶（大红袍）制作技艺"榜上有名。

    首批国家级非遗项目之中，就有名茶制作的内容入选其内，可见政府对于茶产业的关心与重视。

    自此之后，又陆续公布了"茉莉花茶制作技艺""绿茶制作技艺""乌龙茶制作技艺""黑茶制作技艺"等多个非遗

---

1. 选自《高青丘集》，上海：上海古籍出版社，1985年12月第1版。

项目。截至2014年，共有30项与茶相关的制作技艺入选国家级非遗项目。毋庸置疑，诸多"茶非遗"的产生对于制茶技艺的传承及推广起到了积极的作用。

现如今的"茶非遗"项目，较偏重于"制茶"内容的表述与保护。例如"武夷岩茶（大红袍）制作技艺"，主要强调了"复式萎凋""看青做青，看大做青""走水返阳""双炒双揉""低温久烘"等环节。而"绿茶（西湖龙井）制作技艺"，主要强调了抖、带、挤、甩、挺、拓、扣、抓、压、磨十大龙井茶炒制手法。

但实际上，在制茶之前还有采茶。陆羽《茶经·三之造》中，开篇就用相当的篇幅来论述了采茶的意义及方式。其中写道：

晴，采之，蒸之，捣之，拍之，焙之，穿之，封之，茶之干矣。

显然，"采茶"的位置排在最前面。

可以讲，采茶是一切制茶工艺的前提。正所谓，巧妇难为无米之炊。没有采工精良的茶青，任凭什么样的大师也不可能做出质量优异的好茶。

全国茶区都出现了形形色色的"制茶大师"。某品牌，也打出了其产品为"大师作"的宣传噱头。但对于采茶，不管是媒体报道还是商家宣传，都罕有提及。显然，人们对于精细的采茶环节存在着严重的忽视，而对辛勤的采茶人更缺乏应有的尊重。

　　幸好，历代还留有不少"采茶"题材的茶诗。其中明代高启的《采茶词》中，就描述了这样一群乐观可爱却又令人心酸的采茶人。

　　题目简单，我们就从作者讲起。

　　高启，字季迪，号槎轩，又号青丘子，元顺帝至元二年（1336）生于苏州。他是元末明初的知名文人，也是元明两代近四百年间最杰出的诗人之一。

　　高启的家世，可以追溯到南北朝时代的北齐皇室。但到了他这一辈，却成了地地道道的江南文人。元代至正十六年（1356），江南地区张士诚领导的起义军占领了高启的家乡苏州。张士诚出身盐贩，史称他"持重寡言，好士，筑景贤楼，士无贤不肖，舆马居室，多厌其心，亦往往趋焉"。

　　在张士诚统治江浙的十年间，也许是高启一生中最快意的时候。张士诚很爱重高启的才华，尊为上客，礼遇有加。高启对张士诚的延揽，始终采取不即不离的态度。诗人不愿出来做官，他更喜爱闲适的田园生活，只希望当一个"朝食止一盂，夕卧惟一牀"的普通人。

但生于乱世，高启的命运却又不能自主。明朝建立不久，明太祖朱元璋即以下诏编纂《元史》为名，由宰相李善长监修、宋濂、王袆为总裁，到处网罗在野的文学之士。时年三十四岁的高启也在招聘之列。不得已，他开始在明朝为官。

明洪武五年（1372），礼部主事魏观就任苏州府知府。他在文学上有很深的造诣，与高启又是旧相识。两人志同道合，过从很密。魏观是个颇有作为的人，到苏州后大搞城市建设，为了便利市民来往，疏浚了城中的河道，又重修张士诚曾用作宫殿的旧苏州府庭。就这样，他被明太祖的密探盯上了，土木工程成了谋反的证据。高启也受牵连被捕。

明洪武七年（1374）九月，诗人高启被处以腰斩的酷刑，年仅三十九岁。

高启不爱为官，常年生活在江南的乡村，对于农民的生活情况也有所体察和了解。像他所写过的《田家行》《大水》《牧牛词》《养蚕词》等诗歌，都怀有对底层劳动者的怜悯。在他的诗集中，描述乡间生活的诗歌占了很大的比例，这首《采茶词》也是其中之一。除去茶诗中惯带的文雅之气，这首《采茶词》更有着对于采茶人生活细致入微的洞察与同情。

理清作者的生平，我们再来看正文。

开篇两句，描述的是情境。

这首诗的一开头，就把读者带到了偏远的茶山之上。有时候，植物对于气候变化的感知，远要比人类敏感。随着春雷过后的气温回升，茶树也开始有了微妙的生长。

枪，就是锋芒显露的茶芽。旗，则是芽头旁初展的嫩叶。这里的"枪旗"，就是刚萌发芽叶的雅称。短小的"枪旗"已是一年中最细嫩的茶芽，而且此时还仅是"半吐"而已。这既是表明故事发生在初春，同时也暗示茶芽采摘的不易。

看似平淡的两句诗，却将采茶人工作的难度与艰辛表露无遗。

虽然这样的"短枪旗"最为难采，但采茶人却必须准备上山了。因为初春的茶叶最为稀少，也最为世人所追捧。辛苦和麻烦，总能换来更好的经济效益。这里的采茶人，与白居易笔下"心忧炭贱愿天寒"的卖炭翁怀揣着同样的心态。而这样的矛盾心理，也深刻地表现出采茶人的不易。

三、四两句，介绍的是人物。

无数个初春时节，我也在茶山上度过。南方早春山间湿冷，现如今想一想都不禁要打一个寒战。可只要天气稍暖，太阳又会出来"为非作歹"。强烈的紫外线，照射在身上带来火辣辣的疼痛。有时候采一天茶，回到住处冲澡时会觉得背后又沙又痒，那便是已经晒伤了。

很多学生，都闹着要我让他们上山采茶。但我深知，摆拍两张照片还行，真正的采茶绝不是一般城市人能承受的劳动。

高启笔下的采茶人，是一群头戴银钗的农家女儿。天真烂漫的她们，没有丝毫抱怨采茶的辛苦。相反，采茶路上竟还唱起了山歌，甚至后来还搞起了采茶大赛，倒要看看谁筐中的茶青最多。

她们是怎么看待采茶这件劳动的呢？诗人没有告诉我们。但是透过字里行间可以想象得出来，她们一定是心中满怀着希望。因为这一筐筐的茶青，直接关系到银钗女儿们今后的生活。采得越多，卖得越多，生活也自然就会好一些吧？

　　后面四句，表明的是命运。

　　采茶人的辛劳，诗人做了文艺化的处理。一句"归来清香犹在手"，将采茶工作描述得极为浪漫。可实际上，却没有那么美好了。

　　采茶掐断嫩芽时会有茶汁溢出，采茶人的手指会被浸染成青绿色。由于每天都在大量重复这项劳动，久而久之这些手上的颜色就再也洗不掉了。我在茶山上见到一些采茶师傅与山外来客握手时，总要先下意识地在衣服上猛蹭几下。其实那年深日久留下的茶汁印记，是怎么蹭也蹭不掉的。

　　付出了这么辛苦的劳动，采茶人却从没有机会享受上等香茗。那最为上等的"高品"，自然要先呈送给养尊处优的达官显贵尝鲜。那些官僚喝茶是否给钱呢？诗中没有提及，我们也不好揣测。但想必大致也类似《卖炭翁》中"半匹红纱一丈绫，系向牛头充炭直"的做法。面对官府的巧取豪夺，采茶人只能逆来顺受。

好容易打发走了官府，赶紧忙活着生火焙茶。但制好的新茶还是轮不到自己品尝，就都卖给了湖南来收购茶叶的商人。

为何不自己留下半斤慢慢喝？

答：舍不得。

适宜生长茶树的地方，多是山林坑涧。那些地方虽能出好茶，却根本没法种植粮食作物。所以与一般农家栽种"禾黍"不同，茶农的一年生计都压在这一片小小的树叶上了。制成的好茶，哪里舍得自己享用，自然要都卖出去才好。

我在广东省潮州市凤凰镇访茶时，接触了许多年长的茶农。据这些老人回忆，那时上等的凤凰单丛或是水仙、浪菜，都要卖给国家的茶叶收购站，自己只喝精制茶叶时挑剩下的粗老叶片。也并没有谁管控，只是自己真的不舍得。

最后一句"衣食年年在春雨"，道出了采茶人辛酸的处境。与许多揭露社会问题的诗歌不同，这次诗人没有出面来发表长篇的议论。但正是这样简短的结尾，含蓄间透露出力度，引人深思，也启发人珍视杯中的香茗。

正所谓：谁知盘中餐，粒粒皆辛苦。

需要珍惜之物，不光是一餐一饭，也还有一碗茶汤。

碧山深处绝纤埃，面轩窗
对竹开。谷雨乍过茶事
好，鼎汤初沸有朋来。

嘉靖辛卯山中茶事方盛
陆子傅遇过访遂汲泉煮
而品之真一段佳话也

徵明製

《品茶图》轴纸本

明·文徵明

（现藏于台北故宫博物院）

煮 茶

明·文徵明

绢封阳羡月，瓦缶惠山泉。
至味心难忘，闲情手自煎。
地炉残雪后，禅榻晚风前。
为问贫陶穀，何如病玉川。[1]

不管是唐代的煎茶法，还是宋代的点茶法，其基础都是蒸青团饼茶。

紧压茶不仅制作烦琐，品饮过程也甚为冗长。陆羽《茶经》中记载的茶器，大大小小就有二十余种之多。这其中很大一部分，就是撬茶、抹茶、筛茶的器具。

到了宋代，点茶的程序更为复杂。如今日本的抹茶道，根源便是我国南宋时的饮茶方法。窥一斑见全豹，可知宋人

---

1. 选自《文徵明集（增订本）》，上海：上海古籍出版社，2014年12月第1版。

饮茶之复杂。

适当的仪式感，有利于茶文化的登堂入室。

过分的仪式感，有碍于茶文化的广泛普及。

明代的茶风，与唐宋截然不同。

因为在明王朝建立之初，中国茶界便发生了一件大事。

据明代沈德符《万历野获编》记载：

国初四方供茶，以建宁、阳羡茶品为上，时犹仍宋制，所进者俱碾而揉之，为大小龙团。

至洪武二十四年九月，上以重劳民力，罢造龙团，惟采茶芽以进。……按茶加香物，捣为细饼，已失真味。…今人惟取初萌之精者，汲泉置鼎，一瀹便啜，遂开千古茗饮之宗。[1]

以上这段史料，简而言之就是大名鼎鼎的"废团改散"了。由团饼茶改为散茶，品饮方式也相应得以简化。明代人常用的"撮泡法"，与今人的泡茶方法已经一般无二。可以讲，我们当下的饮茶架构，并非直接承接自唐宋，而是来源于明代。明代茶诗读起来，也因此总多了几分亲切之感。

---

1. 引自《万历野获编》，北京：中华书局，1959 年 2 月第 1 版。

在众多明代诗人当中，吴门画派值得格外关注。

所谓吴门画派，是以苏州为中心，形成的笔墨含蓄、文雅谦恭、富于书卷气息的书画流派。这个派别的代表人物有沈周、文徵明、唐寅、仇英。在中国美术史上，称他们为"吴门四家"。

值得注意的是，"吴门四家"人人爱茶。他们不仅绘制茶画，而且写作茶诗。画中有诗意，诗中含画韵。茶诗与茶画相辅相成，构建起明代独特的文人茶风。

这四人当中，又以文徵明的茶学造诣最为出众。

作为一位丹青高手，文徵明一生创作了许多茶画。传世的就有《惠山茶会图》《品茗图》《汲泉煮品图》《松下品茗图》《煮茗图》《煎茶图》《茶事图》《陆羽烹茶图》《茶具十咏图》等。其中以《惠山茶会图》为代表，此画现收藏于北京故宫博物院。

与此同时，文徵明也是一位不折不扣的茶学研究者。他著有《龙井茶考》，并对宋代蔡襄《茶录》进行过系统的论述。他这样一位爱茶又懂茶的文人，所写的茶诗就又别有一番滋味了。

老规矩，还是从作者讲起。

文徵明原名文壁，字徵明。四十二岁以后就用徵明为名，改字徵仲，号衡山。

在《明史》本传中，说他是文天祥的后代。据王世贞所作的《文先生传》，说他的先代文俊卿在元朝曾做过配金虎符镇守武昌的都元帅。到文徵明的曾祖父，被招赘入吴，才成为吴人。文徵明的父亲叫文林，曾做过温州太守。说文徵明出身于官宦世家，大抵是不为过的。

讲完了作者，我们直接来看正文。

开篇两句，写的是态度。

阳羡，是今天江苏宜兴的旧称。那里出现的茗茶，在唐代最为流行。由于那时还是圆圆的团饼茶，所以便雅称其为"宜兴月"了。

文徵明身处的明代中期，废团兴散已推行多年。人们的饮茶习惯，也早就弃"点茶法"而改"撮茶法"。因此这里其实是一种虚写，"阳羡月"直接视作名茶的雅称便可。

中国茶的雅称别名还有很多。一个字的如茗、槚、蔎、荈。两个字的如甘露、酪奴、绿华、叶嘉等。三个字的如晚甘侯、瑞草魁、涤烦子、不夜侯、苦口师等。掌握了雅化名称，分清了动静虚实，也更利于我们解读茶诗的幽美之情。

后一句提到的惠山，位于今天的江苏无锡，以天下第二泉而闻名于世。极为难得的佳茗，配上一缸好水，这便是一个饮茶人基本的态度。现如今很多人舍得花大价钱购买好茶，回来后却直接用自来水或是过滤水冲泡，茶汤风味自然要大打折扣了。

三、四两句，道出了真情。

中国人讲话，十分生动形象。我们要求一个人认真对待工作时，常常要他遇事都得"过脑子"。但当我们碰到了自己的爱人时，办事光"过脑子"就不行了，而一定要"走心"才可以。怪不得，喜欢的人要叫"心上人"呢。

"走心"比起"过脑子"，就更深入了一层。

或者这样说，"过脑子"是理性，"走心"则是感性。

所以真的碰到"至味"好茶，一定就是要"心难忘"才对。就冲这一句话，我相信文徵明老先生是真正的爱茶之人。

那让人心难忘的茶中至味，又是如何得来的呢？

后半句给出了答案：一要有闲情，二要手自煎。

同样的一杯茶，忙时只能是喝，闲时才能算品。忙时喝茶为解渴，只是囫囵吞枣。闲来品茶为雅兴，才解个中至味。正如同六祖慧能在广州法兴寺所讲：不是风动，不是幡动，而是人们的心动。

至于自己动手冲泡，则又另有一番乐趣。从备茶到择器，从烧水到冲泡，纷乱复杂的思绪会因专注于茶事而归于平静。现如今科技昌明，出现了一种速溶茶。这类产品打出的广告口号便是：让喝茶变得简单快捷。殊不知，饮茶的乐趣，不止来源于茶。那更是水之美、器之美、茶之美、景之美、情之美与人之美的综合呈现。

文徵明笔下"闲情手自煎"的乐趣，绝不是速溶茶可以替代得了的。

最后的四句，不妨连在一起解读。

地炉与禅榻，既是一种场景的描述，也是一种超脱的符号。

这些物件的出现，证明诗人的生活不是钟鸣鼎食，而是朴实无华。进一步而言，诗人向往的不是功名利禄，而是本真生活。

结尾的两句诗文，引出了两位爱茶之人。其中的"病玉川"，指的就是唐代诗人卢仝。他因写作一首茶诗《走笔谢孟谏议寄新茶》而扬名于世。宋代苏轼诗中"明月来投玉川子"一句，提及的便是卢仝。

相较起来，"贫陶榖"的名气就要稍逊一筹了。

陶榖，字秀实，邠州新平（今陕西彬县）人。他本姓唐，避后晋高祖石敬唐讳改姓陶。历仕后晋、后汉、后周至宋，入宋后累官兵部、吏部侍郎。宋太祖建隆二年（961），转礼部尚书，翰林承旨，乾德二年（964）判吏部铨兼知贡举，累加刑部、户部尚书。开宝三年十二月庚午卒，年六十八。

《宋史》卷二六九有传，其中写到他：

> 强记嗜学，博通经史，诸子佛老，咸所总览，多蓄法书名画，善隶书。为人儁辨宏博，然奔竞务进。

陶榖不仅是一位博闻强记的官员，同时也是精于茶事的文人。陶榖所写《清异录》一书中，共六卷内分三十七门，其中"茗荈"章节专写茶事。明代喻政就将"茗荈"一门抽取出来，去除第一条即唐人苏廙《十六汤品》，题曰《荈茗录》，作为独立一书印入他编的《茶书》中。此后有关茶书书目即以《荈茗录》署名。

陶榖的《茗荈录》并非人云亦云，而是收录陆羽《茶经》时代之后的大量饮茶习俗逸事。身处于唐宋之间，陶榖的作品具有补白之功。

卢仝与陶榖皆可算爱茶之人，但二人命运却又不同。陶榖一生身处朝堂，而卢仝则以隐士自居。陶榖入世，卢仝出世，似乎截然不同。但卢仝也非真的隐遁山林，反倒是与宰相王涯来往密切。结果被卷入甘露之变，最终死于非命。文徵明诗中提及这二位茶人，似乎也是在思考自己又该何去何从。

历史上的文徵明，对于入世为官一直没有兴趣。起初有宁王朱宸濠，派人送来书信和金银聘请文徵明入王府做幕僚，被其婉言谢绝。后来在明嘉靖二年到嘉靖五年间（1523—1526），文徵明曾短暂地进京当官。经过吏部的考核，授职"翰林院待诏"，参加编写《武宗实录》。

但他在这三年间却三次辞官，最终才被准回乡。可就在他卸任出京时，却又因运河冰冻而滞留在了北通州。有人想上疏请朝廷再留他，文徵明却坚定谢绝，留在通州潞河不肯再回北京。一直到了来年春至河开，他便急急忙忙放船南归苏州了。

文徵明生于明成化六年（1470）十一月六日，卒于明嘉靖三十八年（1559）二月二十日，享年九十岁。

他既没有像陶穀一样入世，也没有如卢仝一般出世。作为"吴门四大家"之一的文徵明，比起沈周虽属后进，但他最为长寿，继沈周之后作为吴门画派的领袖长达五十年之久。

看起来，真正爱茶之人，总是能颐养天年。

茶壽

茶壽百又八

林乾良
茶壽于西泠

浙江中医药大学
林乾良教授书法作品

某伯子惠虎丘茗谢之

明·徐渭

虎丘春茗妙烘蒸，七碗何愁不上升。
青箬旧封题谷雨，紫沙新罐买宜兴。
却从梅月横三弄，细搅松风炮一灯。
合向吴侬形管说，好将书上玉壶冰。[1]

茶人这个称谓，古今的释义有很大不同。

陆羽《茶经·二之具》中，第一次出现了"茶人"这个名词，原文如下：

籝，一曰篮，一曰笼，一曰筥，以竹织之，受五升，或一斗、二斗、三斗者，茶人负以采茶也。

这里讲得明白，在唐代负籝采茶者才是茶人。

又或者说，最早的茶人即茶农。

1. 选自《徐渭集》，北京：中华书局，1983年4月第1版。

　　随着陆羽《茶经》的问世与流行，茶开始与文化紧密结合在一起。茶人的定义，也开始有所延伸。写诗的可称诗人，写词的便叫词人。久而久之，精于茶事的人，便也可视为茶人了。

　　唐宋两代的茶人多是诗家，明代的茶人则多是画家。

　　像以沈周、文徵明、唐寅、仇英为代表的吴门画派，便个个都是茶事高手。继吴门四家之后，大书画家徐渭同样也是一位了不起的茶人。我们不妨就通过这首茶诗《某伯子惠虎丘茗谢之》，来解析这位丹青高手的饮茶生活。

　　虽然作者名头很大，也不妨多讲几句。

　　徐渭，初字文清，山阴（今浙江绍兴）人。他是明代著名的文学家、书画家，可谓一位难得的全才与奇才。徐渭自言"吾书一、诗二、文三、画四"，其诗文书画独步明代诗坛艺苑。

　　他的书法长于行草。尤其是狂草，纵横洒落，一气呵成，具有撼人的力量。徐渭的遗世墨宝《煎茶七类》是茶艺与书法两种艺术的完美结合。

　　徐渭生于明正德十六年（1521），比文徵明与唐寅小五十一岁，相差几乎两辈人。但他在画上的造诣，甚至超过了大名鼎鼎的吴门四家，开创了所谓"青藤画派"。后世著名画家如史叔考、陈洪绶、郑板桥、赵㧑叔、任伯年、吴昌硕、齐白石等均对他推崇备至。郑板桥还刻过一枚"青藤门下走狗"的闲章，表达对他的崇敬和仰慕。三百年后，画坛大师齐白石，还表达过要为徐渭磨墨理纸的愿望。徐渭在书画上的成就，由此可见一斑。

讲完了作者，再来看题目。

显然，这首是典型的答谢体茶诗。其题目结构，与卢仝的《走笔谢孟谏议寄新茶》、白居易的《谢李六郎中寄新蜀茶》如出一辙。

题目不难理解，问题却有一个：

虎丘茶，是何方神圣？

此话要从明代讲起了。

虎丘茶，产于苏州城西北角的虎丘山。后国营苏州茶厂出品的茉莉花茶，注册商标就是"虎丘牌"。这个文化传统，就是从明代的虎丘茶而来。

据清康熙十五年《虎丘山志》记载：

叶微带黑，不甚苍翠，点之色白如玉，而作豌豆香，宋人呼为白云花。

由此可见，早在宋代，虎丘茶就有了一定的名气。

到了明代，虎丘茶人气开始爆棚。明代屠隆《茶说》记载虎丘茶：

最号精绝，为天下冠。惜不多产，皆为豪右所据。寂寞山家，无由获购矣。

这里面说得明白，虎丘茶地位居"天下冠"，也就是第一名了。由于名声在外，产量又少，因此常常供不应求。土豪们高价抢购，"寂寞山家"则很难喝到一次。怪不得，徐渭喝到虎丘茶要写诗留念了。

明代茶书《茗笈》记载虎丘茶：

品茶者从来鉴赏，必推虎丘第一，以其色白香同婴儿肉，此真绝美之论也。

由于笔者没吃过婴儿肉，就不好多作评价了。想必，应该是想夸虎丘茶鲜美吧？当然，这样的形容词是不是能用在"饮茶日志"的填写上，那还得请各位自行定夺。

起码到目前为止，我还没有想到哪款茶用"婴儿肉"形容比较贴切。

明末状元文震孟，就是苏州本地人。对于家乡的虎丘茶，自也是推崇备至。他讲：

> 吴山之虎丘，名艳天下，其所产茗柯亦为天下最，色香与味在常品外，如阳羡、天池、北源、松萝，俱堪作奴也。

要说，状元就是状元，推广软文写得就是高妙。夸虎丘的同时，还把其他竞品也都给贬低了一遍。阳羡、天池、北源、松萝也都是名茶，却都只能给虎丘"作奴"。这绵里藏针的文风，也是怪不厚道的。

关于虎丘茶的"五星好评"还有很多，就不在这里一一赘述了。

总而言之，虎丘茶是大明王朝的第一名茶。

可这样有名气的茶，至今怎么踪迹不见了呢？

下面我们就来看看，明朝第一名茶的消亡之路。

明朝天启四年，京城里一位大员驾临苏州城。这位大人久仰虎丘茶的大名，因此到了苏州城第一件事就是要喝这款名茶。

这款茶产于虎丘寺旁的茶园，采茶制茶皆靠僧人，因此献茶的任务就落在了虎丘寺住持头上。上文提过，虎丘茶产量极小，每年都是供不应求。由于这位大人来的正是青黄不接的时候，因此虎丘寺僧人一时拿不出茶献给这位大人。

这下可惹恼了这位大官，老子在京城吃馆子都不要钱，喝你几斤破茶还推三阻四？官府一道命令，将虎丘寺的住持下了大狱，每日里严刑拷打。虽然这件事后来不了了之，但虎丘寺住持却险些丧命。

回到寺中，老和尚越想越后怕。这次虽然躲过一劫，但往后的事情又有谁知道呢？这寺旁长的哪里是虎丘茶树，分明是索命的厉鬼。于是乎，住持传下一道法旨，将虎丘茶树全部砍掉。

自此，虎丘茶绝迹世间，成了茶界"广陵散"。

现如今要想知道虎丘茶的风韵，也只能通过茶诗来体味了。

讲完了虎丘茶史，我们来看正文。

一、二两句，讲的是饮茶。

唐宋的主流，是蒸青团饼茶。明代洪武年间废团改散，开始流行蒸青散茶。再往后发展，蒸青绿茶又向着烘青绿茶与炒青绿茶步步演进。

徐渭身处明代中期，这里讲到的"妙烘蒸"便可看作是制茶工艺演变的痕迹了。

虎丘这样的好茶，味道定是不一般。喝下去，自然是"何愁不上升"了。

为何是"七碗"呢？这自然是受到了唐代卢仝《走笔谢孟谏议寄新茶》的影响。这首茶诗中的精彩桥段，即是讲从一碗、二碗连饮至七碗茶的趣味与境界。其中"七碗吃不得也，唯觉两腋习习清风生"，更是茶诗中的千古名句。此后的茶诗之中，"七碗"也就成为茶诗创作中的一种特定表述方式了。

三、四两句，讲的是藏茶。

茶叶虽好，却也娇嫩。既会变质，也易串味。古人一没有抽真空设备，二没有冰箱冰柜，存储茶叶自然要有一番秘法。

《茶经·二之具》中有一种"育"，就是专门用于茶叶保存的茶器具。它的主要原理，就是利用熸煴的温度去除茶叶中的水分，以达到防止茶叶变质的效果。

江南地区传统的茶叶保存方法，一般是将细嫩绿茶包在布袋或牛皮纸中，然后放入底层铺有块状生石灰的缸中密封贮藏。由于生石灰具有很强的吸水性，与茶叶一同保存，既能吸收茶叶自身的部分水分，又能去除贮藏小环境中的水分，使细嫩绿茶处于一个非常干燥的贮藏环境之中。

　　在将茶叶装入石灰缸后，需每隔10—15天便查看一下石灰的状态，如果石灰已成细小块状，即表明石灰已经吸水失效，需予以及时调换。一般而言，一年需要调换3—5次。这种传统而特殊的贮藏方法，非常有利于维持绿茶的独特品质。以此法贮藏的龙井茶即使一年后仍能显现色绿、香高、味醇的特色。

　　二十世纪五十年代，在建设新安江水电站时，在遂安县的一处古塔内发掘出一只大缸。考古工作者通过缸的形制和上面的题刻判断，这是一只明代的大缸。他们小心翼翼地打开密封的缸盖，只见一缸黑乎乎的木炭。起走木炭，再掀起一层薄薄的桃花纸，一股茶香扑鼻而来。满缸的绿茶历经四百年，竟然清香依旧。

　　古人保存茶叶的方法，不禁令当下的爱茶人咋舌。这首茶诗中的"青箬旧封"正是保鲜的策略，而"紫沙新罐"则是存茶的法宝了。

请注意，这里的"紫沙"即是如今的"紫砂"。但讲的却不是紫砂壶，而是紫砂罐。

根据考古发现，宜兴陶业已经有6000年历史了。经过历代文物普查，宜兴的古窑址遍布山区。仅南山北麓连绵1500米的范围内，就有隋唐、五代窑9处，宋元窑20处，明清窑60多处。这些古窑址的发现，都证明了宜兴制陶业不仅是历史悠久，而且是绵延不断。

但要注意，宜兴的制陶业并非只做紫砂壶。大到水缸，小到夜壶都囊括在宜兴制陶业中。所以位于紫砂之都丁蜀镇上的这座博物馆，也叫"陶瓷博物馆"而非"紫砂博物馆"。紫砂虽然出名，但也不能以偏概全，埋没了宜兴悠久而丰富的制陶业。

紫砂透气性能良好，造型多变，是制作存茶罐的上佳材质。现如今也有紫砂茶叶罐，非常适宜存茶，只是价格不菲，入手总要慎重。

最后四句，讲的是雅致。

梅花三弄，是古琴名曲。此时出现，自也凸显一份优雅与从容。茶与花、画、琴、香等，统被视为雅物文玩。现如今的日本茶道中，还保留有观画、赏花、鉴器等多个流程，也叫视作是茶与其他雅事的结合。

后半句的"炧"音同"谢"，是残烛的别称。接着的"彤管"，是毛笔的雅称。至于"玉壶冰"三个字，更是已成为经典。

清乾隆皇帝一生嗜茶，他在皇家园林中建立过不少茶舍。其中位于紫禁城建福花园内的茶舍，取名就叫"玉壶冰"。至于乾隆这座茶舍的称谓，是否就是受徐渭茶诗的影响，笔者就不可妄加推断了。这样的千古难题，大可留给读者想象便是了。

行文至此，不由得想到了徐渭另一首收录在《徐文长逸稿》之中的茶诗《茗山篇》。本文篇幅有限，来不及细细拆解，仅录原文如下：

知君元嗜茶，欲傍茗山家。

入涧邀尝水，先春试摘芽。

方屏午梦转，小阁夜香赊。

独啜无人伴，寒梅一树花。

《某伯子惠虎丘茗谢之》中，描写的是清风和缓时的书房深夜。

《茗山篇》中，记述的是波澜不惊的茶山生活。

饮茶中的趣味，真的与财富的多少无关，只与内心的平静相连。

作者收藏民国武夷茶包装纸

武夷茶歌

清·释超全

建州团茶始丁谓，贡小龙团君谟制。
元丰敕献密云龙，品比小团更为贵。
元人特设御茶园，山民终岁修贡事。
明兴茶贡永革除，玉食岂为遐方累。
相传老人初献茶，死为山神享庙祀。
景泰年间茶久荒，喊山岁犹供祭费。
输官茶购自他山，郭公青螺除其弊。
嗣后岩茶亦渐生，山中借此少为利。
往年荐新苦黄冠，遍采春芽三日内。
搜尽深山粟粒空，管令禁绝民蒙惠。
种茶辛苦甚种田，耘锄采摘与烘焙。
谷雨届期处处忙，两旬昼夜眠餐废。
道人山客资为粮，春作秋成如望岁。
凡茶之产准地利，溪北地厚溪南次。

平洲浅渚土膏轻，幽谷高崖烟雨腻。
凡茶之候视天时，最喜天晴北风吹。
苦遭阴雨风南来，色香顿减淡无味。
近时制法重清漳，漳芽漳片标名异。
如梅斯馥兰斯馨，大抵焙时候香气。
鼎中笼上炉火温，心闲手敏工夫细。
岩阿宗树无多丛，雀舌吐红霜叶醉。
终朝采采不盈掬，漳人好事自珍秘。
积雨山楼苦昼闲，一宵茶话留千载。
重烹山茗沃枯肠，雨声杂沓松涛沸。[1]

武夷茶区的研究，离不开茶诗。

最早记载武夷产茶的文献，便是唐代徐夤的《尚书惠蜡面茶》。只是在唐代，武夷山产的还是绿茶。但现如今的武夷山，却是以岩茶闻名天下。

那研究武夷岩茶，还要读茶诗吗？

---

1. 引自清乾隆二年刻本《福建通志》卷七十六《艺文志九》。

当然要读。

最早记载"岩茶"的文献，便是清代释超全的茶诗《武夷茶歌》。

题目不必赘言，我们便从作者讲起。

超全，是一位僧人的法名。可他的故事，却要从未出家时讲起。

超全和尚俗家姓阮，名旻锡，字畴生，号梦庵，福建同安人。其父阮伯宗，字一峰，世袭明朝千户之职。

阮旻锡早年丧父，也没享受过官二代的特权。日子清苦，母子二人相依为命。老母亲去世时，阮旻锡身背大石，修盖墓葬。最终将父母双亲，合葬于厦门。

不光是孝子，阮旻锡也是忠臣。

甲申之变，明清易鼎，改朝换代。阮旻锡正值弱冠之年。从当时的名士曾樱，传习理学，患难与共。这位曾樱，是当时南明隆武政权的文渊阁大学士。

说起隆武政权，大家可能有点陌生。赫赫威名的爱国名将郑成功，就隶属于这个政权。阮旻锡后来身投在郑氏储贤馆内，共赴抗清事业。

清康熙二年（1663），郑氏的海军被清军及荷兰船队夹击，弃金门、厦门而走。经此一败，阮旻锡也开始了亡命天涯的日子。先开始南下北上，四处逃命，最后曾滞留北京前后达二十年之久。大约是在清康熙三十年（1691）之后，阮旻锡又潜回福建，入武夷山中为僧，法号便是超全。

阮旻锡为何选择武夷山？

有偶然，也有必然。

所谓偶然，便带有主观性。

可能是阮旻锡偶至武夷山，被这里的风景深深吸引。虽是假设，但也是人之常情。凡是到过武夷的人，又有谁不是流连忘返呢？所谓必然，是带有客观性。

据《崇安县新志》记载：

武夷山向为羽流栖息之所，清初闽南释徒始入山修持，嗣而天心、慧远、玉华、清源、碧石相继以兴。天心永乐禅寺至有释徒百余人，可谓盛矣。[1]

由此可见，自清初以来，武夷山内佛教氛围浓厚。

---

1. 引自《崇安县新志》（中国方志丛书本），台北：成文出版社，1975 年 6 月第 1 版。

这种氛围，三百余年，至今仍存。天心永乐禅寺，闻名遐迩，自不用提。其实在如今岩茶的重要产区慧苑坑内，也还有一座慧苑古刹，颇为值得一去。

有一次我冒雨入慧苑坑访茶，行至半路，便在寺中避雨。庙宇不大，古朴殊胜。佛像壁画，倒是印象不深了。还记得在正殿廊下，看见一副对联：

客来莫嫌茶当酒，

山居偏与竹为邻。

此句绝妙。相比之下，宋代杜耒的"寒夜客来茶当酒"可就显得有点矫情了。

阮旻锡是儒生出身，天险奇秀、文化荟萃的武夷山，自然符合其志趣。

不光如此，前来修行的僧人，还多是籍贯闽南。东躲西藏的阮旻锡，在熟人的介绍下入武夷山为僧。既可清修，又避尘烦，一举两得，顺理成章。

请注意，阮旻锡入武夷山的时间大致为清代康熙中期。此时的武夷岩茶，方兴未艾。这首释超全《武夷茶歌》，因此便显得格外珍贵。他为后世留下了关于武夷岩茶最早的一段全面记录。

与其说，这是具有文献意义的诗歌。

不如说，这是最具诗意的茶学著述。

茶诗的意义，便在于此。

讲完了作者离奇的人生，我们回过头来看正文。

前四句，讲的是茶史。

假定，唐代的武夷茶算是晨曦微露。

那么，宋代的武夷茶便是朝霞初绽。

今天的武夷山市，旧时称为崇安县。

崇安，唐代隶属于建州，宋代隶属于建宁府。

诗中提到的建茶，便指的是建州属地、建溪两岸所产之茶。

虽然不能说建茶就是武夷茶，但仍可以说武夷山一直处于宋代的核心产茶区当中。

至于"丁谓""君谟"，指的则是茶史上重要的两个人物。

北宋咸平年间（公元十世纪末），丁谓任福建漕，监造贡茶，进献了龙凤团。

北宋庆历年间（公元十一世纪中叶），蔡君谟任福建漕，又造出了更为珍贵的小龙团。

由于龙团凤饼闻名后世，这两位也便被写入茶史，并称为"前丁后蔡"。

后来到了北宋元丰年间（公元十一世纪末），贡茶又有了新花样，做出了比小龙团更为珍贵的密云龙。

建州贡茶，一路精进，直到北宋灭亡。

五至八句，讲的还是历史。

到了元代，武夷茶不但增加了贡额，而且设立了御茶园。元代皇家的御茶园，位于四曲的溪南。根据记载来看，民国年间的人过去寻幽探古，见到的就已经是荒草淹没的废墟了。

四曲、五曲、六曲附近，是从前茶园最为集中的地方，也是茶叶品质最好的地方。接笋峰下的茶洞，就是因"产茶甲于天下"而得名。现而今，产茶核心已从九曲转移到三坑两涧。站在元代御茶园旧址之上，颇有些斗转星移、物是人非的感慨。

明代虽然废团改散，但其实贡茶的负担一点没有减少。

只不过，是茶叶的形态变化了而已。

根据《武夷山志》记载，从元至元十六年（1279）直到明嘉靖三十六年（1557）的二百七十余年间，武夷山的茶贡额度一年一年地递增，直到山人无法负担。

九至十六句，讲的是转机。

古老传说，建州一位老人最早献出山茶，这才有后来建茶入贡之事。老人死后，当地百姓就把他供奉为山神。后来每年贡茶之初，便要先由官府祭奠老人，然后才可以开山采茶。

明代景泰年间以后，此山不再产茶，但是对于这位老人的祭祀仍在。单单祭祀也就罢了，山中竟仍有百余家茶户有贡茶的责任。自己家不出产，但官府还要求进贡。诗中的"输官"，可译为"向官府缴纳"的意思。

万般无奈，"输官茶"只能是"购自他山"。

这时候出了一位关键人物，便是诗中提到的"郭公青螺"。

郭子章，字相奎，号青螺，明隆庆五年进士，曾任建宁府推官。

据明代郭孔延《资德大夫兵部尚书郭公青螺年谱》记载：

　　至此时，茶户只剩二十余家，岁出易茶之金却如故。郭公悯之，故而以之闻于两院，民茶税运使张存义得以罢免，而易茶之百金亦分派建安一县。茶户陈钜等感其恩德，于是竖碑纪公德政。

　　当时武夷山中的茶户，哪里有什么话语权？幸亏郭子章仗义执言，这才得以解脱贡茶之苦。

　　摆脱了贡茶的骚扰，武夷山中的气氛缓和了很多。

　　这时的岩茶，便要登场了。

　　请注意，"嗣后岩茶亦渐生"一句，是武夷岩茶最早的确切记载。

　　再后面八句，讲的是辛苦。

　　黄冠，是道士的别称，这里其实泛指出家人。由于武夷山许多茶园都归庵观寺院所有，所以僧人道士便也成了制茶的主力军。

　　制茶的辛苦，首先便是采摘。

　　农谚讲：人误地一时，地误人一年。

　　这是田事的道理，放在茶事上仍然适用。

与许多茶区不同，武夷山至今秉承着一年一采的习惯。

福鼎白茶比较方便，先采的可做银针，后来采的再做白牡丹，最后春尾再采，便做些寿眉。这样"一春多采"的方式，较少受天气的影响。即使赶上天公不作美，也总有雨后天晴之时。

武夷岩茶不同，一年就采一次。时间紧，任务重，这便有了"遍采春芽三日内"的忙碌。如今的武夷山，景区面积大致 72 平方公里。就以这个数字来计算，想在短时间内做到"搜尽深山粟粒空"也是极不容易的事情。

所以我总向武夷山的茶界朋友建议，除去斗茶大赛，不如再搞个采茶大赛。

保质保量、多快好省地采下茶青，绝不是一件简单的事情。

只是如今我们尊重泡茶人，推崇制茶人，就是没人理会采茶人，这仍是一种缺失。

采下鲜叶，还要赶紧制作。从萎凋到做青，从杀青到揉捻，最后还要干燥焙火。一宿忙下来，已经是天光大亮。稍微休息一两个钟头，便又要开始忙着采下一批鲜叶了。一个做茶季下来，制茶师傅暴瘦二十斤是司空见惯的事情。

一句"两旬昼夜眠餐废"，道尽了制茶人的辛苦。

同样是武夷茶事的珍贵文献，比起清代王复礼《茶说》及王梓《茶说》这两部书，超全的《武夷茶歌》写得更为鲜活动情。

超全和尚身在武夷多年，耳濡目染茶事繁忙。

个中甘苦，自然参悟得更为透彻。

后面的内容，开始讨论影响武夷岩茶风味的要素。

先说的是地利。

在超全和尚诗中，岩茶产区分为两个：平洲与幽谷。论质量，平洲茶次，幽谷茶上。到了清代康熙年间，王梓《茶说》中将"平洲"与"幽谷"的说法进一步规范，确定为"洲茶"与"岩茶"。

这种划分的合理性，如今也被科学所证实。

再往后，岩茶，还又分为正岩和半岩。

正岩，又分为三坑两涧。

三坑两涧，再要排出一个高低上下。

可不同坑涧之间土壤的差别，微乎其微。

这样微小的差别再反映到茶汤中，真的能让人品尝出来吗？

相比起来，清人的观点符合科学，今人的观点却趋于迷信了。

这难道不值得今天的茶界反思吗？

地利之后，再讨论天时对于茶汤风味的影响。

超全和尚，不愧是武夷山中的僧人。对于做茶时的风向，都掌握得十分到位。北风之中，带来了干燥的空气。不管是采茶还是制茶，都以北风天最为理想。若是"阴雨风南来"，纵是大罗金仙，做出来的茶也难免"色香顿减淡无味"。

天时、地利都讲完了，就要讲讲人和了。

茶事当中的人和，就是指工艺。

"清漳"，是漳州的别称。当时武夷山流行的制茶之法，正是传自闽南一带。

比起绿茶，乌龙茶在香气上更为迷人。而乌龙茶香气的形成，一部分来自做青，一部分来自焙火。若是想获得"如梅斯馥兰斯馨"的香气，自然要"心闲手敏工夫细"。

做茶的师傅，一般文化程度略低，常自嘲为"粗人"。可据我这些年接触下来，事实绝非如此。但凡能做出一份好茶的师傅，无一例外都是粗中有细。马大哈，可不适合从事制茶工作。

最后八句诗，写的是珍贵。

岩阿，指的是山中曲折之处。

东安王粲《七哀诗》中，便有"山岗有余映，岩阿增重阴"的诗句。

宋树，指的是武夷名丛。

郭柏苍《闽茶录异》中记载：

铁罗汉、坠柳条，皆宋树，又仅止一株，年产少许。

是不是真的为宋代栽植的古树？这我不敢说。

但将"宋树"理解为质优年久的老树，却是不过分的。

茶树"无多丛"，产能自然不高。

旧时的武夷山，大量是菜茶，少量是水仙，名丛则极为罕见。

《武夷山的茶与风光》一书，出版于民国三十二年（1943）。其中记载名丛产量时写道：

除了水仙产量较多外，其余各品种的数量，总计不过占全山百分之二、三，而梅占、雪梨、黄龙三者产量尤为稀少，近年不过年产一、二斤而已。

诗中"不盈掬"一词，是不够一捧的意思。

这自然是夸张，但也非毫无依据。

大力发展武夷名丛，是二十世纪八十年代以后的事情了。

超全和尚的时代，名丛极为少见。

整首茶诗，便似是一部武夷茶事纪录片。

从历史重现，到今日风采。再从采茶场面，到制茶工序。

最后，镜头转回了茶事。

听了这么多，看了这么多，"重烹山茗"自然又别有一番滋味了。

饮茶，总不只是味觉的享受。

饮茶，更兼顾着文化的浸润。

行文至此，我也要去喝一杯茶了。

大红袍祖庭

武夷山实景摄影

武　夷　茶

清·陆廷灿

桑苎家传旧有经，弹琴喜傍武夷君。

轻涛松下烹溪月，含露梅边煮岭云。

醒睡功资宵判牒，清神雅助昼论文。

春雷催茁仙岩笋，雀舌龙团取次分。[1]

历代歌咏武夷茶的诗词众多，始自唐末而盛于清代。

有清一代，上至乾隆皇帝下至朱彝尊、查慎行、袁枚这样的知名文人，都写过武夷茶诗。以至于，几乎没人注意陆廷灿的这首《武夷茶》。毕竟，和上述诸位相比，陆氏的名气还是逊色三分。

但学习武夷茶史，陆廷灿却是一位不得不知的人物。

关于陆廷灿的话题，不妨就从这首茶诗开始吧。

---

1. 摘自武夷山之摩崖石刻。

按照老规矩，还是该先讲题目。

可《武夷茶》这样的题目已写得相当直白，没必要再行拆解。

那么，我们就从作者开始聊起吧。

陆廷灿，并不是靠这首《武夷茶》而成名。他最为世人称道的成就，是编写了清代第一茶书《续茶经》。

《茶经》，全书大致七千余字。《续茶经》，全书大致七万余字。将《茶经》的字数扩充了十倍，《续茶经》真不愧是一部成功的续书。

我研究生阶段的课题，就是《续茶经》的点校与整理。可当我开始研究陆廷灿生平时，却有了惊人的发现。对于茶学经典《续茶经》的作者，后人竟然一点都不了解。不但不了解，甚至还存在着许多讹误。

众所周知，古人的称呼，由姓、名、字、号等多部分组成。可对于陆廷灿的字，却一直存在着误传。这种误传，甚至从清代乾隆年间就开始了。清代《四库全书总目提要》中说：

廷灿字秩昭，嘉定人。官崇安县知县候补主事。

朱自振、郑培凯主编的《中国古代茶书汇编校注本》基本采用了这个说法。书中称：

> 陆廷灿，字秋昭，一字幔亭，清太仓州嘉定人。

可事实上，陆廷灿的字并不是"秋昭"。

清代雍正寿椿堂本《续茶经》前附有黄叔琳序，其中开篇便说："嘉定陆君扶照，尝为崇安令。"陆廷灿撰《南村随笔》，清雍正十三年（1735）寿椿堂刻本，题"嘉定陆廷灿扶照"；陆廷灿撰《艺菊志》，清康熙五十七年（1718）棣华书屋刻本，题"嘉定陆廷灿扶照氏辑"。

由此可见，在陆廷灿自己的三部著作中，均称"扶照"。

自己写自己的名字，总不会错吧？

就算是错，也不能连错三次。

清代学者王士禛，在著作中也多处提到了陆廷灿。

其中《带经堂诗话》卷六、《带经堂集》卷九十一"王徵士集"条有：

> 此本嘉定门人陆廷灿扶照所刻。

《渔洋诗话》卷中、《带经堂诗话》卷十有：

> 陆生廷灿扶照，近补刻嘉定四君子集，余为之序。

请注意，这里面的称呼也都是"扶照"。

众所周知，陆廷灿是王士祯的门人，还多次为王氏刻书。师生关系，不可谓不密切。老师，总不能也把学生名字记错吧？

由此可见，陆廷灿字"扶照"，而不是字"秩昭"。

陆廷灿，为后世习茶人留下一部《续茶经》。后世习茶人，也应该给予陆廷灿最基本的尊重。这便是我考证陆廷灿名字的初衷。各位读者，莫要怪我矫情就好。

搞清楚名字，我们再来看看作者的生平。

陆廷灿年轻时，曾经跟随清初的一些名士学习。

清代永瑢《四库全书总目》卷一百二十九《南村笔记》条中说：

> 廷灿为士祯与荦之门人。

《光绪嘉定县志》中说：

> 廷灿幼从王文简、宋荦游，深得作诗之趣。

这都说明陆廷灿曾是清代名士王士祯和宋荦的门人。

根据《崇安县新志》记载，陆廷灿应在康熙五十六年到雍正元年间为福建崇安县令。他在任期间官声颇佳，清董天功编《武夷山志》中评价陆廷灿：

洁己爱民，旌别淑慝，尝全王草堂校订武夷山志，表章往哲，刊播各集。每于公事入山。遇景留题，文章、经济兼而有之。

由此可见这位陆县令是个好官。在任期间，亲力亲为，进山办公。遇到美景，还不忘作诗留念。虽然从政，又不失文人本性。由于在崇安县为官，写这首《武夷茶》自也在情理之中了。

梳理清楚写作背景，我们来看正文。

前两句，写的是情。

什么情？

陆廷灿与茶之情。

桑苎，是陆羽的代称。陆廷灿与陆羽，姓氏相同。当然，陆羽终身无后，与陆廷灿怎么也不会有血缘关系。可是，冥冥之中，似有安排。陆廷灿与茶结缘，后又承继陆羽之学，续写《茶经》。桑苎家传，用在陆廷灿身上倒也恰当。

至于武夷君，旧时常解释为山中仙人。可弹琴时有仙人为伴，这似乎有点解释不通。在我看来，应该解释为武夷茶的美称更为合适。

虽然苏轼讲"从来佳茗似佳人"。可武夷茶劲透风骨，再比作佳人就不妥了。尊称为"武夷君"，再合适不过。

三、四句，写的是景。

轻涛松下，含露梅边。

眼望之处，皆是美景。

时至今日，武夷山既是茶区，更是景区。不懂茶甚至不饮茶的人，到武夷山景区中也绝对是心旷神怡。摩崖石刻，溪谷流水，古刹胜地。武夷岩茶之美，半由人工，半由天成。

与其天天宣传三坑两涧的神奇。

不如多多展现武夷茶区的美丽。

凡是到过武夷山的人，都不会忘记那里的景色。

你我忘不掉，陆廷灿老先生自然也忘不掉。

三、四两句，正是对于武夷美景的绝佳描述。

五、六两句，写的是功用。

近些年，"功能性饮料"这个词颇为流行。其实，这可不是个新概念。茶，最早就是功能性饮料。醒睡、清神，便是功能。

陆廷灿去武夷，毕竟是工作而不是旅游。案牍劳形，公事劳神，都是在所难免。后来的事实证明，陆廷灿的确无心官场。自崇安县卸任后，便回到老家嘉定。著书孝亲，再未涉足政坛。从政时的苦闷，只有饮茶可以排遣。

现如今，快节奏工作群体中，越来越多人开始习茶。

喝茶，可以养身。

喝茶，也能静心。

"醒睡功资宵判牒，清神雅助昼论文"两句，也绝不可以简单地理解为茶能提神。

茶，不光能提神醒脑。

茶，更能缓解压力。

五、六两句，是陆廷灿作为一位资深职场人士的心声。

七、八两句，讲的是精。

诗人眼中，茶有生命。春雷隆隆，惊醒了仙岩上的茶芽。次第萌发，形壮如笋。采摘精致，便成了龙团、雀舌这样的好茶。

陆廷灿的这首茶诗，与其说是记录崇安的武夷茶事，倒不如说是纪念在武夷的岁月。

毕竟，茶是记忆最好的载体。

崇安的岁月，给了陆廷灿深刻的影响。

陆廷灿，是因为爱茶而去了崇安？

抑或，是因为崇安而爱上了茶？

我们无从知晓。

但陆廷灿对于武夷茶事的贡献，却又不止于这首《武夷茶》了。

如今我们研究武夷岩茶，常引用清代王复礼《茶说》及王梓《茶说》这两部书。

而这两部书都仅见于陆廷灿编纂的《续茶经》。

其中王复礼《茶说》，对于武夷岩茶的工艺记载详备：

松萝、龙井皆炒而不焙，故其色纯。独武夷炒焙兼施，烹出之时，半青半红，青者乃炒色，红者乃焙色。茶采而摊，摊而撼，香气发越即炒，过时不及皆不可。既炒既焙，复拣去其中老叶枝蒂，使之一色。

以上文字，是武夷岩茶制作技艺最早的详细记载，对于研究武夷岩茶有着重大意义。

作者王复礼，字需人，号草堂，浙江钱塘人。

王复礼曾撰《武夷九曲志》，陆廷灿为之作序，并亲加参订。由此可见，王、陆二人交往很深。《武夷九曲志·物产考》，有茶、泉、竹、花等内容。可王复礼的《茶说》，不见于《武夷九曲志》。由此我大胆推测，《茶说》应成书在《九曲志》之后。

总之，王复礼《茶说》一书，最终没能流传后世。

还好，陆廷灿将王复礼《茶说》部分内容收入《续茶经·三之造》。

另一本研究岩茶的重要文献，是清代王梓的《茶说》。

其中最早明确提出了"地理因素"对于武夷岩茶品质的影响。

其中写道：

武夷山，周回百二十里，皆可种茶。茶性他产多寒，此独性温。其品有二：在山者为岩茶，上品；在地者为洲茶，次之。香清浊不同，且泡时岩茶汤白，洲茶汤红，以此为别。

如今"正岩"与"洲茶"的概念，最早便是由此书提出。

与王复礼《茶说》命运相同，王梓《茶说》也没能流传后世。

　　还好，陆廷灿将王梓《茶说》部分内容收入《续茶经·八之出》。

　　若没有陆廷灿将两部《茶说》中的文字收入《续茶经》，武夷岩茶的历史就可能被改写。

　　陆廷灿，实为武夷岩茶的功臣。

　　可能是武夷山名人太多，陆廷灿老先生便被忽略了。

　　其实到过武夷山的人，都曾与今天这首《武夷茶》邂逅。

　　这首茶诗的摩崖石刻，就在通往九龙窠的路上。

　　距离"岩韵"两个大字的摩崖石刻，不过十余米而已。

　　只是游客们忙着与"岩韵"合影，大都没看到罢了。

　　与其追求岩韵，不如多读茶诗。

　　茶韵，就在诗中。

20世纪70年代龙井茶宣传画

（作者收藏）

观采茶作歌

清·爱新觉罗·弘历

火前嫩，火后老，惟有骑火品最好。

西湖龙井旧擅名，适来试一观其道。

村男接踵下层椒，倾筐雀舌还鹰爪。

地炉文火续续添，干釜柔风旋旋炒。

慢炒细焙有次第，辛苦工夫殊不少。

王肃酪奴惜不知，陆羽茶经太精讨。

我虽贡茗未求佳，防微犹恐开奇巧。

防微犹恐开奇巧，采茶竭览民艰晓。[1]

由于拙作《茶经新解》与《茶经新读》的出版，很多人误以为我是《茶经》的专家。实话实说，我的能力一般，水平更是有限。只是凭着对茶圣陆羽的崇敬，致力于古老《茶

---

1. 选自《御制诗二集》（文渊阁四库全书本）。

经》的解读与宣讲。希望这部千年的茶学经典，可以在茶文化繁荣的今日焕发出新的生机而已。

但也会常有些机关学校，邀我去开设与《茶经》相关的讲座。只要时间允许，我一般都欣然前往。多让一些爱茶人了解《茶经》，总是一件好事。

但去年有家杭州茶企的邀请，却被我拒绝了。

他们希望我讲讲，《茶经》中的龙井茶文化。

可问题在于，陆羽没提过"龙井"二字啊！

《茶经·八之出》中记载：

钱塘天竺、灵隐二寺产茶。

钱塘，即今日之杭州。这句话我们可以解释为，在《茶经》成书的年代，杭州已成了知名的茶区。

仅此而已！

至于天竺、灵隐二寺产的什么茶？《茶经》中没有明确的记载。于是乎，龙井茶商们便联想发挥成龙井，再直接印在自己的包装上以示"尊古"。恰恰相反，这种行为是对于《茶经》的曲解。

龙井茶真正火起来，是明代以后的事情了。

茶诗，可作为证据。

明代弘治朝礼部尚书吴宽，曾在《谢朱懋恭同年寄龙井茶》中写道：

谏议书来印不斜，但惊入手是春芽。

惜无一斛虎丘水，煮尽二斤龙井茶。

顾渚品高知已退，建溪名重恐难加。

饮余为此留诗在，风味依然在齿牙。

这首诗，明显受到唐代卢仝《走笔谢孟谏议寄新茶》的影响。时过境迁，顾渚、建溪都已是过去式，龙井茶正在轰轰烈烈地登上中国茶界的舞台。

除此之外，明代徐渭《谢钟君惠石埭茶》、陈继儒《试茶》、袁宏道《龙井》、于若瀛《龙井茶》、屠隆《龙井茶歌》等，都是歌咏龙井的著名茶诗。再喝龙井时，不妨也找来一读。

犹如吃饺子要蘸醋，品龙井也是要配着几首茶诗才好。

又作这么"粗俗"的比喻，罪过罪过！

当然，要说龙井茶诗中的名篇，贡献最多的人还数乾隆皇帝。

　　清高宗乾隆皇帝爱新觉罗·弘历，是清朝乃至中国历史上一位颇具传奇色彩的君王。他盛年登基，在位六十年，上承康熙、雍正两朝基业，最终开创了一代盛世。乾隆帝最终以八十八岁高龄善终，这在中国历史上也是极为罕见。

　　乾隆对茶的钟爱，在清代帝王中绝对要算第一。传说，当他准备将皇位禅让给儿子自己去做太上皇时，大臣们不免苦苦挽留地说：国不可一日无君。乾隆皇帝则微微一笑，答道：君不可一日无茶。

　　传说，只可作为谈资。而紫禁城里留存的皇家茶器具，却可作为乾隆爱茶的力证。例如我国台北故宫博物院中，就收藏有"清乾隆描红荷露烹茶诗茶壶""清乾隆描红荷露烹茶诗茶碗""清乾隆描红三清诗茶碗""清乾隆青花三清诗茶碗"等一批茶器。这些带有乾隆茶诗的茶器具，折射出这位帝王对于茶事的痴迷。

　　作为富有四海的帝王，天下名茶尽收囊中。可若说乾隆皇帝最爱的名茶，还是要数龙井。

　　乾隆皇帝一生六下江南，都到了茶都杭州。其中有四次驾临西湖茶区。对龙井茶若不是真爱，恐怕做不到吧？

清代乾隆十六年（1751），皇帝第一次游览西湖茶区，并写下了《观采茶作歌》。

　　此后，清代乾隆二十二年（1757），二次到西湖茶区，又作《观采茶作歌》。乾隆二十七年（1762），他第三次到西湖茶区，作《坐龙井上烹茶偶成》。乾隆三十年（1765），他第四次到西湖茶区，作《再游龙井作》。

　　回到京城后，乾隆皇帝对龙井茶竟还念念不忘。前后又作《雨前茶》《烹龙井茶》《项圣谟松阴焙茶图即用其韵》等茶诗，可见其对龙井之钟爱。

　　乾隆所写的歌咏龙井的茶诗中，又以初到杭州西湖茶区所写的《观采茶作歌》情感最为真切。不妨就以这首茶诗为切入点，体会龙井茶的别样文化。

　　开篇两句，透露的是节气。

　　作为地道的农副产品，名茶的采摘制作最讲究顺应天时。

　　《茶经·三之造》中就说：

　　采茶，在二月三月四月间。

　　这里的月份，是用农历来计算。折合成今天通行的历法，陆羽告诉后人每年采摘茶青的时间为三月至五月之间。

　　虽然这近一百天的范围之内都可以制作春茶，但乾隆皇帝提出了更为严苛的要求。这里的骑火，指的就是寒食节。而寒食节的时间，与清明节又十分相近。所以茶诗中的"骑火"二字，也就引申代指清明了。唐代白居易就有"绿芽十片火前春"的名句，也是以"火前"而代"明前"的用法了。

　　清明节前的虽嫩，但滋味轻薄、华而不实。清明之后的味厚，但乾隆又嫌弃不够细腻。皇帝就是皇帝，口味刁钻、要求苛刻。乾隆认准了清明时节采制的龙井茶，认为其品质最佳。这种对于龙井的审美取向，时至今日都有影响。

　　"村男"两句，描述的是采摘。

　　我们今天都说采茶女，但乾隆当时看到的却是采茶男。"层椒"可解释为高山，说的是茶树的生长环境。龙井茶区海拔虽然不高，但山势陡峭难行却是事实。"雀舌"和"鹰爪"，都和鸟类动物没什么关系。它们都是茶叶的雅称，描述的是采摘的细嫩程度。在山岭间穿行，采摘刚刚萌发的鲜叶，其辛苦溢于纸上。

"地炉"开头四句，记录的是制作。

尤其是"慢炒细焙有次第，辛苦工夫殊不少"两句，又点明了龙井茶精工细作的特征。

龙井茶的制作，是出了名的讲究。近些年更有好事之徒，将龙井茶的炒制总结为"十大招式"，即：抖、搭、揉、捺、甩、抓、推、扣、磨、压。

这有点像北京烤鸭，据说讲究削成一百零八片。我曾经问过全聚德的大师傅：如果不小心削成了一百零七片，会不会味道就不好了？大师傅笑道：杨老师，甭听导游们瞎说。

回过头来，接着聊龙井。十招也好，二十招也罢，不外乎是旅游宣传的噱头。再说明白点，便于电视镜头呈现"炒茶"罢了。若总想着如何摆造型，茶能炒好才怪。

制茶人，只有心里存着"慢炒细焙有次第，辛苦工夫殊不少"，才能做出好茶。

乾隆，算得上龙井茶的知音。

结尾四句，写的是乾隆的心得。

香茗入贡，是历朝历代的传统。乾隆窥一斑见全豹，在杭州茶区第一次感受了茶事的艰辛。他虽然从未要求进献优质贡茶，但又难免地方官小题大做、借机逢迎。

谁知盘中餐，粒粒皆辛苦。乾隆这次也算是了解，来之不易的不仅是"盘中餐"还有"杯中茶"。防微杜渐，唯恐官员酷吏向百姓们索要贡茶。因为通过这次观览采茶，深宫中的皇帝算是竭览民艰晓了。

乾隆，相当于代言人。

茶诗，相当于广告语。

有皇帝级的代言人，加上高水平的广告语。

龙井，想不火都难。

乾隆对于龙井茶的痴迷，成为西湖畔的一段佳话。这些佳话不仅流传于市井，还随着时间的流逝，慢慢渗透进龙井茶汤的滋味之中。

当然，抛开文化不谈，龙井也是悦口娱心之茶。

乾隆皇帝喝的龙井茶，都来自杭州西湖之畔。但二十世纪八十年代之后，龙井广泛种植于全国各大茶区。现如今单是浙江省境内，还要分为西湖龙井、钱塘龙井和越州龙井，情况远比清代复杂了很多。

其中历史上原有龙井产地所生产的龙井茶，就叫作西湖龙井。沿钱塘江、富春江两岸各县，所产的叫钱塘龙井。绍兴及周边各县所产的龙井，则是越州龙井。我招待学生的大佛龙井，就属于越州龙井的范畴。

中国人的饮食，喜爱讲究"正宗"二字。还拿北京烤鸭举例，最正宗的似乎要数老字号全聚德。各地朋友进京，也都要去打卡朝圣一番。

很多学生来北京旅游也问我：老师，全聚德真的好吃吗？

答：总店还可以，但是价格真的太高，还总得排队。

同学接着问：分店哪家好吃？

答：良莠不齐，名大于实。吃到了真的分店还算幸运。若是再碰到"全泵德"一类的李鬼，那就更糟糕了。

同学追问：那老师吃哪一家？

答：店里没有游客，全是吃货的那一家。

西湖龙井，面临着与北京烤鸭一样的问题。

若一味追求所谓"正宗"，一定要喝到"龙""云""虎""梅"的龙井，那首先是要花费大价钱。2016年北京某老字号，正产区西湖龙井标价就是8 888元/斤。这个价格，绝对不是一般爱茶人可以染指的。

不仅要资金充足，还得火眼金睛。喝每一杯茶都要自己品味，总怕自己买到假货，饮茶成了鉴宝，是享福还是受罪？谁知道呢？

其实西湖龙井也好，钱塘龙井、越州龙井也罢，只要按照乾隆所说"慢炒细焙有次第，辛苦工夫殊不少"的原则，都可以做出不错的好茶。

有的味道清淡些，有的味道馥郁些，风格不同而已。

又何必人为地分出高低上下呢？

那么到底是选西湖龙井，钱塘龙井，还是大佛龙井呢？

我只选好喝的龙井。

武夷茶

余向不喜武夷茶，嫌其浓苦如饮药。然丙午秋，余游武夷，到曼亭峰天游寺诸处，僧道争以茶献。杯小如胡桃，壶小如香橼，每斟无一两，上口不忍遽咽。先嗅其香，再试其味，徐徐咀嚼而体贴之。果然清芬扑鼻，舌有余甘。一杯之后，再试一二杯，令人释躁平矜，怡情悦性。始觉龙井虽清而味薄矣；阳羡虽佳而韵逊矣。颇有玉与水晶品格不同之故。故武夷享天下盛名，真乃不忝。且可以瀹至三次，而其味犹未尽。

右录清袁枚文 武夷茶

己亥冬月 林莹书

《武夷茶》

清·袁枚

试 茶

清·袁枚

闽人种茶当种田，郄车而载盈万千。
我来竟入茶世界，意颇狎视心迥然。
道人作色夸茶好，磁壶袖出弹丸小。
一杯啜尽一杯添，笑杀饮人如饮鸟。
云此茶种石缝生，金蕾珠蘖殊其名。
雨淋日炙俱不到，几茎仙草含虚清。
采之有时焙有诀，烹之有方饮有节。
譬如曲蘖本寻常，化人之酒不轻设。
我震其名愈加意，细咽欲寻味外味。
杯中已竭香未消，舌上徐尝甘果至。
叹息人间至味存，但教卤莽便失真。
卢仝七碗笼头吃，不是茶中解事人。[1]

---

1. 选自《小仓山房诗文集》，上海：上海古籍出版社，1988年1月第1版。

茶诗，与乌龙茶相关的非常少。

不是乌龙茶不值得写，而是它出现的时间不对。

中国茶诗的高峰，在唐宋两代。

中国乌龙的出现，在明清之际。

有的人，生不逢时。

乌龙茶，生不逢诗。

在这样的时代背景下，清代袁枚这首以乌龙茶为写作对象的茶诗《试茶》就显得尤为珍贵。

说起此诗的作者袁枚，我很早以前就有所了解。大约是在大学一年级，我在图书馆翻到一部《续古文观止》。里面收录袁枚一篇《后出师表辨》，文采飞扬，印象颇为深刻。那时我便认为，袁枚是位文人。

后来又陆续看了他的《随园诗话》《小仓山房尺牍》和《子不语》等书。那时我便知道，袁枚还是位诗人。

但他最终闻名于世，并非缘由上述著作，而是由于饮食文化类文集《随园食单》。至此时方知，袁枚终究是一位馋人。

请注意，嘴馋和能吃，可是两码事。

能吃，指饭量大。

那终究是饥饿所致。

嘴馋，是欲望满足。

那才是爱好吃喝、享受吃喝、钻研吃喝的表现。

当然，这世界上还没有一种职业叫作"馋人"。袁枚是浙江杭州人，于清乾隆四年（1739）中进士，选庶吉士。曾外放到江苏溧水、江浦、沐阳、江宁等地任知县，官声颇佳。

归根到底，袁枚的本职工作是公务员。

这是一份十分无聊的工作，绝不适合诗人性格外加馋人体质的袁枚。于是，清乾隆十四年（1749）袁枚辞官归隐，居住于南京小仓山随园。自此，专心做了一位吃货。

有何为证？

有《随园食单》为证。

既有实践，又有理论，袁枚算得上是一位饮食家了。

饮是喝，食是吃。饮、食二字不分家，吃、喝二事也相通。读饮食大家的茶诗，自是非常有趣的事情。

说完了作者，我们再来看题目。

这首《试茶》，名字简单，却也值得拆解一番。

　　题目的重点，便在一个"试"字上。我们可以译为"尝试"或"试探"，总是有一种对于未知领域探索的感觉。

　　按说袁枚这样的饮食家，对于好茶自然也是阅历无数。有什么样的茶，还值得他去一试呢？

　　乌龙茶。

　　现在普遍认为，乌龙茶的起源是明末清初。但乌龙的问世，不等于已经流行。又或者说，从问世到流行，还需要很漫长的时间。

　　整个清代早期，乌龙茶还都是个稀罕物。

　　清乾隆元年（1736），安溪的王士让刚刚发现了铁观音，并在清乾隆六年（1741），通过礼部侍郎方苞进献给了皇上。直到清乾隆年间以后，乌龙茶才慢慢步入舞台的中央，被上流阶层所认知、尝试，最终被接受。

　　请注意，袁枚中进士是在清乾隆四年（1739），正是乌龙茶崛起之日。

　　对于乌龙茶，就连经多见广的袁枚，也是一头雾水。

　　于是乎，要试茶。

　　试茶结果如何？

我们来读诗。

这是首长诗，前后共二十四句，可分为五个章节。其中，前四个章节，每章四句。最后一个章节，则是八句。

第一个章节，讲的是气氛。

准确地说，是茶区的气氛。

因为诗人这一次试乌龙茶，不是在茶室精舍，而是来到原产地——福建茶区。

袁枚是浙江人，后来为官主要是在江苏。辞官后定居南京，还是没离开江浙。因此，他一入福建，就被这里与众不同的茶区风光吸引住了。东张西望，处处新鲜。

福建茶区，讲究"八山一水一分田"。山地不适合种粮，倒适合茶树生长。江浙一带，种茶是种田外的副业。而在福建，很多茶农拿种茶、制茶、售茶当作主业。

袁枚一进福建，就被浓浓的茶区气氛所萦绕。因此他才说，自己哪里是来福建，分明是进了一个"茶世界"呀！所谓"心逌然"，可理解为心情舒爽，怡然自得。

我们有时候到茶区旅游，觉得人家的茶真好喝。可是买回来冲泡，怎么也不是味儿。其实不见得就是老板给你调包了茶叶，更有可能是回家品茶时，缺少了外出旅行途中那份"逌然"的心境。

饮茶时的心情，是茶、水、器之外的第四个要素。

第二个章节，讲的是观感。

敢情不光是茶区风光不同，闽人饮茶也与江浙大不相同。

"弹丸小"的茶壶，竟然能从道人袖子里掏出来。与袁枚印象中的"大号紫砂壶"风格迥异。"小杯啜"的饮法，更是喝了一杯再添一杯。这与袁枚习惯里的"盖碗大口喝"截然不同。

"太新鲜了，世界上竟然有人这样喝茶。"袁枚不禁哈哈大笑。

"笑什么？"道人问。

"这哪里是人喝茶？分明是鸟饮水嘛！"袁枚说。

您看，其实袁枚并不理解乌龙茶。

二十世纪九十年代，工夫茶刚进北京时，我身边很多人也是如此。习惯了用大号搪瓷缸子喝茶，看着茶楼小妹端上来的小茶盅，都是面面相觑。

我就曾亲耳听到胡同里两人聊天：

"大哥，这是茶杯吗？"

"兄弟，我看着怎么像邻居张大爷的鸟食罐啊！"

您瞧，这便是现代版的"笑杀饮人如饮鸟"。

我们把视野，拉回到茶诗之中。

自第三个章节起，道人开始和袁枚聊茶了。

先讲的是生长环境，与众不同。这里的茶不种在田间地头，而是长在"石缝里"。又因暗合《茶经》所讲"阳崖阴林"的黄金法则，因此才能做到"雨淋日炙俱不到"。

您乍一看都差不多，其实"金蕾""珠蘖"品种各有不同。每一种都不差，皆是"虚清仙草"呢。道人一番话，讲明白了闽中茶好的原因。一言以蔽之，占尽天时与地利。

光是有天时、地利，还不能称为一款好茶。

还需什么？

答：还需"人和"。

何为"人和"？

答：工艺。

这便有了第四章节，专门阐述制茶工艺的重要性。

"采之有时焙有诀"，对应着《茶经》里"采不时，造不精"一句。

　　采茶，不是以"细嫩"为标准。越嫩越好，那是茶商的噱头罢了。

　　采茶，应该以"恰当"为标准。老嫩适中，方为内行的尺度才是。

　　当然，采下来的茶，还要配合着匠心的制作，这自不用提了。

　　"烹之有方饮有节"，对应着《茶经》里"茶有九难"一段。

　　冲泡恰当，品饮适宜。

　　既不豪饮，也不滥饮。

　　以上两句共十四个字，可作为习茶人挑茶、泡茶、品茶时的口诀了。

　　道人从天时、地利、人和三个维度，向袁枚介绍乌龙茶的不同之处。袁先生听得入神，倒觉得自己刚才"饮鸟"之词粗鄙浅薄了。

　　于是乎，端杯再饮，要"细咽欲寻味外味"。

何为"味外味"?

茶在口中,尝的便是"味"。

茶已下肚,还能感受到的,便应是"味外味"了。

味外味,便是乌龙茶之韵。

"杯中已竭香未消,舌上徐尝甘果至"两句,写的正是乌龙茶的韵味。

正如袁枚诗中所言,杯子空了但香气仍在。

这不正是迷倒众人的"杯底香"吗?

口中的茶汤已咽下肚子,可"甘果"滋味却突然出现在空空如也的口腔里。

这不正是奇妙无比的"回甘"吗?

既有绿茶之鲜,又有红茶之醇。

既无绿茶之苦,又无红茶之涩。

比之红茶、绿茶,更多添上三分韵味。

这便是乌龙茶之美了。

面对这么好的茶,馋嘴的袁枚不得不劝自己冷静下来。在这样"至味"好茶面前,切不可鲁莽行事。

当年有个卢仝,写了一首《走笔谢孟谏议寄新茶》,世人俗称《七碗歌》。一口气来了七大碗，那是对待绿茶的办法，诸位可切莫学他。

若是咕咚咕咚地大口喝乌龙，那便"不是茶中解事人"了。

袁枚最终得出一个结论，乌龙茶就是要小壶小杯伺候着才可以。

饮人像饮鸟，这可怎么办？

为了一杯好茶！

哪里还管得了那么许多。

多字款紫砂壶

李氏小园

清·郑燮

兄起扫黄叶，弟起烹秋茶。
明星犹在树，烂烂天东霞。
杯用宣德瓷，壶用宜兴砂。
器物非金玉，品洁自生华。
虫游满院凉，露浓败蒂瓜。
秋花发冷艳，点缀枯篱笆。
闭户成羲皇，古意何其赊。[1]

翻读中国的茶诗，总有目不暇接的感觉。

名家名作太多，满纸珠玑，满目琳琅，满心欢喜。

有的文人，写作茶诗高产且精彩。

像是唐代的白居易，一生写作茶诗六十余首。北宋的黄

1. 选自《郑板桥全集（增补本）》，南京：凤凰出版社，2012 年 8 月第 1 版。

庭坚，也写作茶诗四十余首。至于南宋的陆游，更是撰写茶诗数百首。

也有的文人，写作茶诗是一篇成名。

例如唐代的卢仝，一首《走笔谢孟谏议寄新茶》就获得了茶仙的殊荣。

还有的文人，写作茶诗是一句成名。

清代的郑板桥，就是这种"一句成名"的代表。

他的《李氏小园》一诗，因题目里没有"茶"字而未被爱茶人所重视，算是不折不扣的冷门茶诗。但其中的诗句，却字字打动着爱茶人的心弦，可称习茶的金玉良言。

话不多说，我们来读板桥的这首茶诗。

老规矩，还是先从作者讲起。

如今提起郑板桥，可谓是无人不知、无人不晓。但他的学名，实际上叫作郑燮。"燮"字很特别，如今用的人已经很少，甚至成了生僻字。这个字解释起来，有"调和""谐和"的意思。

因此起名字的同时，长辈还给板桥起的字就叫"克柔"。"克"字，就是"能够"的意思。成语"克勤克俭"，就是形容一个人能够勤劳俭朴。所以"克柔",自然就是能够柔和之意,与"燮"字的含义也是遥相呼应。

怎么起了这么个名字呢?

原来古人起名字时,常从古籍经典里找寻灵感。

例如陆羽,字鸿渐,出处就是《易经》中的"鸿渐于陆,其羽可用为仪"一句。

板桥这个名字是父亲所起,思路来源于《尚书·洪范》篇。里面有一句话为"燮友克柔",就包含着板桥的名和字。

至于"板桥"二字,是他成年后给自己起的号,反而流传最广就是了。

倒是提起"郑燮"或是"克柔",很少有人知道说的是谁了。

本文遵循大众的阅读习惯,后文也称其为"板桥",特此说明。

通过板桥的学名和表字,我们就可以感受到他的家庭是具备一定的文化修养的。

的确,板桥的祖父叫郑是,字清之,据说做过县里的儒官。至于板桥的父亲叫郑之本,也是一位秀才,一辈子在私塾里以教书为业。

出生于这样的家庭里，长辈自然是希望板桥读书做官。

可能是继承了家族的文采，郑板桥的确是读书的材料，大约在20岁的时候就考中了秀才。

板桥有了秀才身份，就可以去省里考举人。考上了举人，再入京考进士。"朝为田舍郎，暮登天子堂"，可算是郑家的理想了。

可是现实，却没有那么顺利。

自二十岁中秀才，一直到四十岁，板桥才考上了举人。

如今有的学子高考不利选择复读，一年两年就已经觉得很艰苦了。板桥却用二十年，才完成了从秀才到举人的进阶，其中的艰难辛苦可想而知。

当板桥得知自己中举时，他写下了一首《得南闱捷音》，其中说道：

忽漫泥金入破篱，举家欢乐又增悲。

一枝桂影功名小，十载征途发达迟。

考中了举人固然是好事，但是还远远没有达到最终目标。只有考中进士，才真正是清代读书人的心愿。

按照当时的考试制度，板桥在中举人的第二年，就应该进京去考进士。可是就在要考试的这一年，疼爱他的叔父郑之标去世了，板桥也就未能动身北上。又过了三年，他才进京赶考参加会试，结果考中了二甲第八十八名进士。

那一年，郑板桥已经四十四岁了。

康熙朝的秀才，雍正朝的举人，乾隆朝的进士，板桥的考试之路横跨了清三代。

按照清朝的规定，中进士后就可以马上授予官职。当然，这里面的待遇也分为三六九等：

最好的就是三甲，是可以进入翰林院的。其中状元是编修，榜眼和探花是修撰，都相当于皇帝的私人秘书。

其次，就是进入内阁中枢做官，或者分配到六部任职。按照今天的话说，就是国家部委的工作。

再其次，就是外派到地方上做官，一般都是从七品县令做起，积累基层工作经验。

最差一等，就是候补县令。也就是名义上的县令，但实际上没有真正的岗位给你，得回家等候朝廷的具体委任。

板桥一无人脉，二无背景，再加上年龄过大，所以就混到了最后一等的待遇。

虽然是中了进士，但是还是没有具体工作，而是回家等候通知。

这一等，就又是六年。

这六年间，板桥先生的生活状况还是有了很大的改善。

因为比起一般文人，板桥的书画可谓是一技之长。已经中了进士，又是未来的县令大人，求字求画的人越来越多，价格也跟着涨了上去。收入提高了，但是板桥的内心，却仍然十分纠结和痛苦。

一方面，自己前半辈子都在考试。好容易考中了，结果却落得一个在家卖画的下场。不能为民做主，不能报效国家，板桥岂能不痛苦呢?

另一方面，板桥心里明白，要是想混上一个真正的县令，只有"干谒"一个办法。

所谓"干谒"，就是今人说的"运作"。

当然，这里的运作不一定是行贿送钱。也可以是将自己的文章书画，投送到朝中大员的门下。若是对方赏识你的才情学识，可能就会动一动提携后进的心思。大人物一句话，自然可以保你官运亨通。

板桥的诗文与书画，都具有相当高的造诣。要说是送去"干谒"，想必是十拿九稳。但是这样的运作手段，有悖于文人的操守和情怀，板桥又岂能不纠结呢？

关于李氏小园，郑板桥在《怀扬州旧居》一诗前写道：

即李氏小园，卖花翁汪髯所筑。

也就是说，李氏小园就是板桥在扬州候命时的旧居。

这首茶诗，也就是写于等待实缺官职时的痛苦与纠结当中。

解析清楚写作背景后，诗中的一些字句也就不难理解了。

下面我们来读正文。

这首《李氏小园》，前后共有三个段落，其中与茶相关的也是最精彩的便是第三部分。

起初的四句，讲的是情景。

弟兄两个人，在李氏小园里过着简单的生活。

哥哥清晨早起，扫去园中落叶。

弟弟也不闲着，准备煮水烹茶。

由于已入深秋，所以天亮得很晚。再加上弟兄二人起得也确实够早，以至于天上还挂着星星，东方才微微泛起晨曦的彩霞。

紧接的四句，讲的是情操。

前文已经点出，李氏小园里喝的是秋茶。

江南地区的绿茶，自古以春茶为贵，秋茶是相对等而下之的了。

至于茶器，则是杯用宣德瓷，壶用宜兴砂。

今天的爱茶人读到这里不禁要惊呼，这是真正的土豪生活嘛。

宣德朝，是明代制瓷的一个高峰，与永乐朝共同打造出中国陶瓷史上灿烂夺目的"永宣时代"。

2016年，苏格兰拍卖行礼昂腾博和美国拍卖行弗里曼首次在香港举行联合拍卖会。期间由英国斯塔福德郡大学收藏的大明宣德年制青花海水云龙纹高足杯，最终拍出了4 156万港元的价格。

至于宜兴砂，自然指的就是宜兴的紫砂壶了。现如今紫砂壶也是高价频出，一把现代高工壶都要炒到数万元甚至数十万。至于老壶的拍卖价格，更是突破了千万人民币。

能用宣德瓷与宜兴壶喝茶，不是土豪又是什么呢？

可其实，这又是用今人的眼光来看待过去的事物了。

曾几何时，宣德瓷也好，宜兴砂也罢，价格都没有今天这么离谱。

例如紫砂壶，旧时到底什么价格呢？我可以举一个例子来说明问题。

2019年我到苏州的诚品书店讲课，顺道去拜访了吴中名胜虎丘山。就在虎丘冷香阁外的墙壁上，有一份民国十一年（1922）修缮建筑时的功德石刻，详细记录下社会各界人士捐钱捐物以及修缮名胜的开销情况。其中写道：

付华兴紫砂茶壶二十把、茶杯六十只，银九元二角。

大小八十件紫砂器，支付的金额不到十块银元。

由此可见，清代乃至民国，紫砂的价格并不算太高。

天价紫砂的出现，那是二十世纪八十年代以后人为炒作的结果，有机会再另辟文讨论。

当时的宫廷与官场，仍然流行着奢侈华丽的金银器。

板桥虽比落魄秀才强一些，但经济条件也与非富即贵的官宦不能相比。

但他毫不介意，反而发出了"器物非金玉，品洁自生华"的呼声。

现如今，追求名家紫砂壶、名家天目盏、名家柴烧器的人不计其数。一件新制的茶器，只要冠以"名家"二字，价格总要是五位数以上。甚至有的人，以用"大众茶器"为耻，以用"名家茶器"为荣。

想必，这些人是没读过板桥茶诗的吧？

茶器，贵洁，不贵华。

这里的洁，一是讲干净清洁，二是讲品位高洁。

至于是不是名家所作，有没有投资潜力，有没有升值空间，这都不是真正爱茶人应该关心的事情。

对于爱茶人来讲，茶器如好友。

天天计划着攀龙附凤，并非交友之道。

天天琢磨着炫耀投资，不是爱茶之心。

后面的六句，讲的是情怀。

天气渐凉，秋虫四起，虫鸣声声，瓜熟蒂落。秋花不似春花绚烂，但自透出一股冷艳高雅之美。有了发现美的眼睛，赏花不见得要有名贵的茶器，园中的枯篱笆，也能成为赏花的舞台。

所谓"羲皇"，指的就是伏羲氏。

《晋书·隐逸传》记载陶渊明时说道：

高卧北窗下，清风飒至，自谓羲皇上人。

"闭户成羲皇"这句诗，应该就是典出于此。比喻自己在李氏小园，已经回到了上古般淳朴的状态。

板桥诗中朴素雅致的茶事生活，其实也是他内心的向往与写照。

我想，这便是茶的魅力，也是茶的能力。

茶事，成了一个人品格修为的最好呈现。

或俗或雅，或静或动，展露无遗。

选器，如同交友。

茶汤，宛若人生。

陈鸣远窖泥色紫
而光润题搞坡公闲闲
径来往差似佳人

伯年圉

清末任伯年紫砂彩笺

（作者收藏）

紫 砂 壶

清·郑燮

嘴尖肚大耳偏高，
才免饥寒便自豪。
量小不堪容大物，
两三寸水起波涛。[1]

　　大家都知道板桥是扬州八怪之一，在书画上造诣极高，相关的研究也很多。但是板桥的茶学思想却少有人关注，可就尽由我放胆吹一吹法螺了。

　　其实板桥与茶的典故还有很多。既然大家喜爱，这番少不得抖擞精神再写上几则，唱个肥喏，望列位看官饶恕则个。

　　这首题为《紫砂壶》的作品，可视为板桥先生的又一首

---

1. 选自《郑板桥全集（增补本）》，南京：凤凰出版社，2012 年 8 月第 1 版。

经典茶诗。

此诗见于民国年间的《阳羡砂壶图考》，当代学者卞孝萱、卞岐编《郑板桥全集》时亦有收录。

关于这首七言绝句的来由，还有一则广泛流传于民间的故事。

话说郑板桥在科举道路上，绝对算不上一帆风顺。康熙朝的秀才，雍正朝的举人，乾隆朝的进士。好不容易金榜题名，可排队等候实缺知县的职位又是数载。

板桥先生的故事，绝对有拍成励志片的潜力。终于熬成了县令，结果去的还是最穷的山东范县。这个县在黄河边上，荒凉的县城里只有四五十户人家，也就是个村子的规模。

像板桥这样进士出身的官员，一般在县令这样的基层岗位干上几年就可以提升了。可是郑板桥在范县苦干了五年之后，又调去了潍县上任，一干又是三年。他在《自咏》里写道：

潍县三年范县五，山东老吏我居先。

一阶未进真藏拙，只字无求幸免嫌。

板桥为何混成了"一阶未进"的"老吏"了呢?

答:不贪。

不贪财,就没钱去行贿。

不行贿,就没法得升官。

作为才华横溢的画家,作为文思泉涌的诗人,板桥在公务员的位子上可谓是痛苦万分。到最后他辞官不做,回转扬州,就以卖字鬻画为生。

这首《紫砂壶》,就写于板桥辞官回到扬州之后。

郑板桥在扬州有一位好朋友,是两淮盐运使卢见曾。这位卢大人官阶是从三品,算是扬州城里最大的官了。所以即使板桥是去访友,但是到了卢见曾的衙门口外还是需要通禀。

这时的郑板桥已经不是朝廷命官了,穿着的也是朴素的长衫。一位帮闲的门吏,根本没把教书先生打扮的郑板桥放在眼里,就是故意拖延不给通报。

这时旁边有人把郑板桥认出来了,就说:"哎呀,这不是扬州名士郑板桥先生吗?"

可是这位帮闲的门卫,就是信奉"以貌取人"的准则,根本不相信大名鼎鼎的板桥先生会穿成这样。

于是乎门卫对板桥说："我听说郑板桥非常有文采，可以效法曹植七步成诗。既然你自称郑板桥，那就给我们现场写一首诗，让我们看看你学问如何？"

板桥不气反笑，说道："请问这首诗以何为题呢？"

门卫正在喝茶，于是顺手一指桌子："就以这紫砂壶为题吧。"

板桥看了看紫砂壶，又瞧了瞧小门吏，吐口而出：

嘴尖肚大耳偏高，才免饥寒便自豪。

量小不堪容大物，两三寸水起波涛。

乍一看，确实句句写的是紫砂壶。

尖嘴为壶流，大肚为壶身，高耳为壶柄。

泡茶，本就有"不宜广"的原则。

紫砂壶作为茶器，其容量通常也就是300毫升左右。要是吃工夫茶的小泥壶，容积则更是只有百余毫升，说是"量小不堪容大物"，不可谓之不贴切。

至于两三寸注入壶内，自然要涤荡茶叶，掀起阵阵香涛。

板桥爱茶，自也懂壶，句句写到了精彩之处。

再一读，分明就是在写这个门吏。

尖酸刻薄是嘴大，养尊处优才肚大，傲慢无礼耳偏高。量小无德，滥用职权。有眼无珠，不识真佛。

板桥是一语双关，明是说壶，实是损人，惹得现场的人哈哈大笑。

正巧卢见曾路过此处，顺口便说："风流间歇烟花在，又见诗人郑板桥。"

这则故事在民间流传甚高，也难免有演绎的成分。

但百姓们愿意相信，这就是板桥的诗作。

原因何在？

其一，板桥机智幽默。其二，板桥酷爱茶事。

板桥任职潍县时，可谓是如坐针毡。才华不能施展，理想不能实现，这县令当得也实在无趣。他在《青玉案·宦况》中写道：

十年盖破黄绸被，尽历遍，官滋味。雨过槐厅天似水，正宜泼茗，正宜开酿，又是文书累。

坐曹一片吆呼碎，衙子催人妆傀儡，束吏平情然也未？酒阑烛跋，漏寒风起，多少雄心退。

什么是为官的滋味呢？想必郑板桥认为是苦而非甜。

屋外雨过天晴，就是当你满心欢喜烧水泡茶时，又被公务所累。

当了领导，不愁没有好茶喝。可没有了那份品茶的心境，要再多的好茶又有何用呢？谈着业务喝茶，想着工作饮茶，那就难免是鲸吸长虹，牛饮三江了。

还是知堂老人《吃茶》里说得最妙：

喝茶当于瓦屋纸窗下，清泉绿茶，用素雅的陶瓷茶具，同二三人共饮，得半日之闲，可抵十年尘梦。

想得茶中清味，尚需片刻闲情。

板桥的确爱茶。他在谈论自己理想生活时曾说过：

吾意欲筑一土墙院子，门内多栽竹树草花，用碎砖铺曲径一条，以达二门。其内茅屋两间，一间坐客，一间作房，贮图书史籍、笔墨砚瓦、酒董茶具其中，为良朋好友、后生小子论文赋诗之所。

有茶，有书，有好友，便是好生活。

说起板桥喝茶，还有一段趣闻。

在潍县做官时，一次板桥陪着一位外地来的朋友到潍县北门外的玉清宫游览。

玉清宫也叫北宫，据说元代时丘处机还曾住过。2012年到潍坊出差时，我还专门去探访过，只看到残垣断壁而已了。

在板桥当政潍县时，玉清宫香火旺盛，也还有出家的道士居住。

老道也是个势利眼，没把轻衣简从的板桥放在眼里，便爱答不理地说了声："坐。"回头对着小道童又说了句："茶。"

郑板桥也没在意，一边陪着朋友参观，一边充当着讲解员的角色。以郑板桥的才学，玉清宫的历史渊源典故趣味，自然是滔滔不绝了。

老道在旁边听着，觉得这两位香客穿得虽然不怎么样，但谈吐可谓不俗，想来也不是寻常百姓。

于是，老道转而对板桥二人说："请坐。"接着又对小童儿说："敬茶。"

正在此时，有几位乡绅恰巧也到玉清宫上香，一眼就认出了郑板桥。于是争先恐后，过来给县太爷见礼。

　　老道一看，原来这是县令大人，赶忙招呼说："请上坐。"然后催促着小童子说："敬香茶。"

　　板桥带着朋友参观完了玉清宫，转身准备离开时，老道却早已准备好了文房四宝。他知道板桥不仅是县太爷，更是远近驰名的书法家，便想借此机会请板桥先生为道观的山门题写一副对联。

　　板桥也不回绝，淡然一笑，提笔就写：

坐，请坐，请上坐，

茶，敬茶，敬香茶。

　　一副对联，把玉清宫道士前倨后恭、看人下菜碟的嘴脸刻画得入木三分。

　　还是北宋禅僧黄龙惠南在《赵州吃茶》里说得好：

相逢相问知来历，不拣亲疏便与茶。

翻忆憧憧往来者，忙忙谁辨满瓯花。

　　闲话少说，赶快喝茶。